心家肴 AixinJiayao 越吃越有味

一学就会的
经典粤菜

主编○张云甫　　　　　　编写○百映传媒

U0219315

青岛出版社
QINGDAO PUBLISHING HOUSE

用爱做好菜 用心烹佳肴

不忘初心，继续前行。

将时间拨回到 2002 年，青岛出版社"爱心家肴"品牌悄然面世。

在编辑团队的精心打造下，一套采用铜版纸、四色彩印、内容丰富实用的美食书被推向了市场。宛如一枚石子投入了平静的湖面，从一开始激起层层涟漪，到"蝴蝶效应"般兴起惊天骇浪，青岛出版社在美食出版领域的"江湖地位"迅速确立。随着现象级畅销书《新编家常菜谱》在全国摧枯拉朽般热销，青版图书引领美食出版全面进入彩色印刷时代。

市场的积极反馈让我们备受鼓舞，让我们也更加坚定了贴近读者、做读者最想要的美食图书的信念。为读者奉献兼具实用性、欣赏性的图书，成为我们不懈的追求。

时间来到 2017 年，"爱心家肴"品牌迎来了第十五个年头，"爱心家肴"的内涵和外延也在时光的砥砺中，愈加成熟，愈加壮大。

一方面，"爱心家肴"系列保持着一如既往的高品质；另一方面，在内容、版式上也越来越"接地气"——在内容上，更加注重健康实用；在版式上，努力做到时尚大方；在图片上，要求精益求精；在表述上，更倾向于分步详解、化繁为简，让读者快速上手、步步进阶，缩短您与幸福的距离。

2017 年，凝结着我们更多期盼与梦想的"爱心家肴"新鲜出炉了，希望能给您的生活带来温暖和幸福。

2017 版的"爱心家肴"系列，共 20 个品种，分为"好吃易做家常菜""美味新生活""越吃越有味"三个小单元。按菜式、食材等不同维度进行归类，收录的菜品款款色香味俱全，让人有马上动手试一试的冲动。各种烹饪技法一应俱全，能满足全家人对各种口味的需求。

书中绝大部分菜品都配有 3~12 张步骤图演示，便于您一步一步动手实践。另外，部分菜品配有精致的二维码视频，真正做到好吃不难做。通过这些图文并茂的佳肴，我们想传递一种理念，那就是自己做的美味吃起来更放心，在家里吃到的菜肴让人感觉更温馨。

爱心家肴，用爱做好菜，用心烹佳肴。

由于时间仓促，书中难免存在错讹之处，还请广大读者批评指正。

美食生活工作室

2017 年 12 月于青岛

目录

第一章

原汁原味
——最正广东菜

第二章

火候十足
——最靓老火汤

第三章

碗碗生香
——营养广式粥

第四章

一盅两件
——地道广式茶点

第一章

原汁原味——最正广东菜

　　粤菜，即广东菜，中国四大菜系之一，发源于岭南，有着悠久的历史，以特有的菜式和独树一帜的韵味，享誉世界。粤菜以清新为本，清中求鲜，淡中求美，故"鲜"是粤菜味道的灵魂。

1

南国风味，和味粤菜

粤菜取百家之长，用料广而精，配料多而巧，食味讲究清而不淡、鲜而不俗、嫩而不生、油而不腻，调味遍及酸、甜、苦、辣、咸、鲜，菜肴有香、酥、脆、肥、浓之别，五滋六味俱全。传统粤菜主要由广州菜、潮州菜、客家菜组成，具有独特的南国风味。

广州菜：从平民化到殿堂级的美味

广州菜，又称广府菜，发源于广州，是粤菜的灵魂所在。广州菜汇集了南海、番禺、东莞、顺德、中山等地风味，兼京、苏、扬、杭等外省菜，以及西方菜之所长，融为一体，自成一家。因此，广州菜用料广博，选料精细，技艺精良，善于变化，品种多样。

广州菜取料广泛，举凡各地菜系常用的家养禽畜、水泽鱼虾、深海物产……粤菜无不用之；他处鲜见的蛇、鼠、猫、狗、山间野味等，粤菜也奉为上肴，一经粤厨之手，顿时变成味道鲜美且极富营养价值的异品奇珍，让人叹为观止。南宋周去非《岭外代答》中对此有生动的描述："深广及溪峒人，不问鸟兽蛇虫，无不食之。其间异味，有好有丑……鸽鹳之足，腊而煮之。鲟鱼之唇，活而脔之，谓之鱼魂，此其至珍也……"

广州菜取中外烹饪技艺之长，融汇成了多样而完善的烹调方法。自唐代发展至今，广州菜的烹调方法达20多种，尤以炒、煎、焖、炸、煲、炖、扣等见长。即便是相同的烹饪方式，因用料、刀工、口味、菜式的不同，具体操作时又有所不同，如"炒"便有生炒、熟炒、软炒、拉油炒4种炒法。广州菜烹法的多样，与刀工、火候、油温、调味、造型等配合，制作出数千款菜肴来，使广州菜格外丰富多彩。

不同于北方菜肴的重油、重味，广州菜口味清淡，追求清、鲜、嫩、滑、香。名菜如白切鸡、白灼虾、清蒸海鲜等，其制作仅是把食材蒸熟或煮熟，烹制时不加任何作料，食用时配以熟油、姜、葱等调成的味汁，原汁原味，清鲜可口。

由于天气的原因，广州菜还十分注重汤水。当地俗语说："宁可食无菜，不可食无汤。"先上汤，后上菜，几乎成为广州宴席的既定格局。

潮州菜：烹饪海鲜见长的高端菜系

潮州菜，又称潮汕菜。潮州菜的历史最早可追溯到汉朝。盛唐之后，受中原烹饪技艺的影响，发展成为独具闽南文化特色、驰名海内外的菜系之一。唐代韩愈曾赞其："……章举马甲柱，斗以怪自呈。其余数十种，莫不可叹惊……"

潮州菜烹饪具有岭南文化特色，讲究食材生猛新鲜、菜品原汁原味、刀工精细、口味清醇、造型精美，这些也是潮州菜的显著特点。

潮州菜与中原各大菜系最大的区别，就是特别擅长烹制海鲜。潮州菜烹制海鲜时会根据海产品的不同特点来烹制，如鲜纯之品多用生炊、白灼（焯），以保持原味；海腥味较重之品，如干品海参、鱼翅等，"发"的过程中取反复捞、漂清水之工序，有时还会适当加入姜、葱、料酒，务求去尽其腥味后再调味，并进行焖、炖。每一类都会加上最适配的配料和调味品，经过不同方法的精工制作，成菜鲜而不腥、美味可口。

潮州菜另一个突出特点就是素菜样式多，且独具特色。潮州菜在制作素菜时强调"素菜荤做，见菜不见肉"，在制作过程中加入老母鸡、排骨、赤肉、火腿等动物性原料炖出来的"上汤"，或直接盖上鸡骨、排骨、火腿、五花肉等蒸、炖，这样烹制出的素菜，会将果蔬特有的清香和肉骨类的浓香融合在一起，使之甘香浓郁而不失果蔬本味，让人百尝不厌。

潮州菜注重刀工，拼砌整齐美观。在讲究色、味、香的同时，还有意在造型上追求赏心悦目。厨师将各种菜肴，如竹笋、萝卜或薯类等，精工雕刻成各式各样的花鸟之类，作为点缀或菜垫，形成一种摆盘艺术。

客家菜：传承古风，口感偏重

客家菜，又称东江菜，就像客家话保留着中州古韵一样，客家菜保留着中原菜的风味，以油重味浓、高热量、高蛋白为特点。它的口感偏重"肥、咸、香"，在广东菜系中独树一帜。

所谓"无鸡不清，无肉不鲜，无鸭不香，无鹅不浓"，客家菜用料以肉类为主，水产品较少；突出主料，原汁原味，讲求酥软香浓；注重火功，以炖、烤、煲、酿见长，尤以砂锅菜闻名。相对而言，客家菜用料较为粗犷，但却粗中有细，体现了它实惠、重保健、讲调和的特点。

客家菜还以烹调山珍野味见长，但烹法极其简单，以加清汤蒸煮为主，不加过多配料，强调"是什么肉就该有什么味"。

客家菜盐分较多，"咸"为特点之一，这是客家先人应对早年贫穷生活的一种智慧，以此减少副食的消耗，因此客家菜中还有各种腌渍的菜；"肥"源于适应地理和气候条件的需要，摄入脂肪较多的食物可更好地抵御山区寒气；而"香"则来自当初客家先人流浪迁徙中形成的以香辣调料为"保质剂"的食物保存方法。

百花酿丝瓜

制作时间
2.5 小时

难易度
★★

主料

丝瓜 200 克，鲜海虾 250 克，猪肥膘 50 克，鸡蛋 1 个，三文鱼子 20 克

调料

料酒、盐、白胡椒粉、生粉、鸡精、香油、水淀粉、上汤各适量

做法

① 丝瓜洗净，去皮，切段，中间掏空；鸡蛋取蛋清。猪肥膘切成米粒大小的粒，放入冰箱内冻硬。

② 鲜海虾去壳，挑去虾线，吸干水分，用刀背轻轻剁细。

③ 将虾蓉放入碗中，调入料酒、盐、白胡椒粉、生粉，搅匀，加入鸡蛋清，用手朝一个方向搅打至上劲，再加入冻肥肉粒和少许香油，拌匀，放入冰箱冷藏 1～2 个小时。

④ 将虾胶酿入丝瓜筒中，顶端放上三文鱼子，整齐摆入盘中，放入蒸锅中蒸约 8 分钟。

⑤ 炒锅置于炉火上，注入上汤，加盐、鸡精、香油调味，以水淀粉勾薄芡，将芡汁淋在蒸好的丝瓜上即可。

杂蔬炒鲜果

主料

火龙果1个，淮山100克，胡萝卜、玉米粒各50克，红腰豆、甜豆各30克，百合10克，油炸核桃仁少许

调料

盐2克，山珍精2克，白糖1克，水淀粉3毫升，食用油10毫升

做法

① 将火龙果尾部1/3处斜切一刀，挖出果肉，切成粒；火龙果壳摆在盘尾。

② 甜豆洗净，择去老筋，切丁；淮山、胡萝卜分别去皮，洗净，切小丁。

③ 油锅烧热，倒入淮山、胡萝卜、红腰豆、玉米粒、百合、甜豆，调入盐、山珍精、白糖，翻炒至熟。下火龙果丁炒匀，以水淀粉勾薄芡，装盘，撒上核桃仁即可。

炒杏鲍菇

主料

杏鲍菇250克，青椒50克，红椒50克

调料

盐3克，山珍精3克，白糖2克，蒸鱼豉油5毫升，姜汁5毫升，食用油50毫升

做法

① 杏鲍菇洗净，切片。

② 青椒、红椒分别洗净，切菱形片。

③ 热锅注油，倒入杏鲍菇，炸至色泽鲜亮、香味浓郁时捞出，沥干油分。

④ 锅留少许底油，倒入蒸鱼豉油、姜汁，烧出香味，放入杏鲍菇、青红椒片翻炒，调入盐、山珍精、白糖，炒至入味即可。

主料

芦笋 100 克，竹荪、百合各 20 克，枸杞、红椒圈各 5 克

调料

水淀粉 5 毫升，盐、山珍精各 5 克，白糖 3 克

做法

① 将百合洗净，备用；枸杞用清水浸泡至软；芦笋洗净，削去根部老皮。

② 竹荪泡发，洗净，剪去菌盖头和根部。

③ 用竹荪裹紧芦笋，整齐摆入盘中，放入蒸锅中，蒸约 10 分钟后取出。

④ 炒锅置于炉火上，注入少许清水，加枸杞、百合熬煮，调入盐、山珍精、白糖，以水淀粉勾薄芡，略煮成白汁。

⑤ 将熬好的白汁淋在芦笋、竹荪上即可。

清蒸竹荪芦笋

主料

芥蓝 300 克，红椒丝 10 克，素火腿丝 20 克

调料

盐 5 克，山珍精 3 克，白糖 2 克，XO 酱 6 克，辣椒酱 6 克，豆豉汁 5 毫升，食用油适量

做法

① 芥蓝削去根部老皮，洗净，沥干水分。

② 炒锅置于炉火上，注入适量食用油烧热，下 XO 酱、辣椒酱爆香，放入素火腿丝略炒。

③ 下芥蓝翻炒至熟，调入盐、山珍精、白糖和豆豉汁，炒至入味，加入红椒丝，大火收汁即可。

XO 酱爆芥蓝

客家酿豆腐

制作时间
25 分钟

难易度
★★

主料

老豆腐	2 块
猪瘦肉	100 克
虾米	50 克

调料

姜	8 克
盐、鸡精、葱花、生粉、水淀粉、	
食用油、上汤	各适量

做法

① 猪瘦肉洗净，剁碎；虾米浸软；姜去皮，取少许切末，剩下的切片。

② 老豆腐洗净，沥干水分，一开4件，共8块，每块在中间位置用匙羹挖个小坑，注意不要挖穿了。

③ 将肉末、虾米放入大碗中，加入盐、姜末、葱花、生粉，朝一个方向搅至起胶，加入挖出来的豆腐碎拌匀，调成馅料。

④ 在每块豆腐的小坑中撒上少许生粉，酿入适量的馅料。

⑤ 平底锅中倒入适量食用油，放入酿好的豆腐块煎制，每面都煎至金黄，出锅备用。

⑥ 另起一锅，倒入少许食用油烧热，爆香姜片，加入上汤煮滚，放入豆腐块煮4 ~ 5分钟，加盐、鸡精调味，用水淀粉勾薄芡即可。

Tips

酿菜是广东客家菜系中最有名的菜品之一，酿豆腐就是其代表，它与酿苦瓜、酿茄子被并称为"客家煎酿三宝"。

传说酿豆腐起源于北方的饺子，因岭南少产麦，思乡的中原客家移民便以豆腐替代面粉，将肉馅塞入豆腐中，如同包饺子一般。先煎后炖的酿豆腐，豆腐的清香与肉的浓香结合，鲜嫩爽滑，咸淡相宜，令人食指大动。

要点提示

· 尽量塞得扎实点，使馅料与豆腐粘得牢固些。

· 豆腐翻面煎的时候，可以用铲子将底部托住，用筷子压住肉馅表面，再慢慢翻过来，这样能防止肉馅漏出。

蛋饺煲

制作时间 20 分钟 　 难易度 ★★

主料

猪肉 200 克，鸡蛋 4 个

调料

鸡精 5 克，盐、五香粉、生抽、蒜、葱、生粉、食用油各适量

做法

① 猪肉剁碎成末；蒜洗净，剁成末；葱切成葱花。

② 将 1 个鸡蛋打入碗里，放入肉末、蒜末，加适量盐、鸡精、五香粉、生抽和生粉，顺一个方向搅拌上劲，制成肉馅。

③ 另取碗打入剩下的 3 个鸡蛋，搅匀。

④ 炒锅置于炉火上，放入少许油，烧至六成热，取 1 勺蛋液入锅，摊成圆形蛋皮，待蛋液半凝固时，夹适量肉馅放在蛋皮一边半圆上。

⑤ 用锅铲铲起另一边半圆，把肉馅盖住，轻轻压一压，使蛋饺的边能粘住，然后两面煎成金黄色，盛出。重复上述过程，直至包完所有的蛋液和肉馅。

⑥ 煲内加入适量的水（以没过蛋饺为准），大火煮开，加入煎好的蛋饺，煮 3 分钟，撒上葱花，加盐、鸡精调味即可。

芙蓉肉

制作时间
20 分钟

难易度
★★

主料

猪里脊肉 300 克，虾仁 200 克，
鸡蛋 1 个

调料

生抽 15 毫升、醪糟 50 克、
鸡汤 100 毫升、盐、鸡精、
生粉、猪油、植物油各适量

做法

① 猪里脊肉洗净，切成约 5 厘米见方的片，加盐、生抽（5 毫升）、
鸡精拌匀，腌渍 15 分钟；鸡蛋取蛋清，搅打匀；虾仁去虾线，
洗净。

② 将腌好的肉片逐一摆在盘中，撒上一些生粉，放一粒虾仁
在肉片上，稍用力按压，使虾仁和肉片紧贴在一起，再在
表层抹上一层蛋清液。

③ 锅中加适量水烧开，下虾仁肉片氽烫至变色，小心捞起，
避免散开，控水。

④ 炒锅置于炉灶上，倒入适量植物油、猪油，大火烧至七成
热，将虾仁肉片摆在笊篱中，反复淋浇上热油炸至熟，摆
入盘中。

⑤ 另起锅，倒入醪糟、鸡汤和剩余 10 毫升生抽，再调入盐、
鸡精拌匀，大火煮开，均匀地淋在虾仁肉片上即可。

凤梨咕噜肉

制作时间 20 分钟　难易度 ★★

主料

去皮五花肉	200 克
菠萝	150 克
鸡蛋、红椒、青椒	各 1 个

调料

白糖	15 克
番茄酱	45 克
米醋、生抽	各 30 毫升
水淀粉	50 毫升
盐、淀粉	各 3 克
面粉、食用油	各适量

做法

① 菠萝去皮，切块；红椒、青椒分别洗净，切片；鸡蛋取蛋清备用。

② 五花肉用刀背敲打松软，切块，加盐、淀粉、15 毫升生抽、食用油，抓匀，腌制 30 分钟，加入蛋清拌匀，滚上面粉。

③ 起油锅，烧至六成热，下五花肉块，中小火炸 3 ~ 5 分钟，捞出。转大火，再炸一下使肉更酥，捞出沥干油。

④ 将番茄酱、米醋、白糖、15 毫升生抽放入碗中，加 100 毫升清水搅拌均匀，制成料汁。

⑤ 另起锅烧热，倒入料汁烧开，倒入水淀粉，熬至稍黏稠，倒入炸五花肉、菠萝块、青红椒片迅速翻炒，使其均匀地挂上汁即可。

荷叶蒸手打肉丸

制作时间
13 小时

难易度
★★

主料

精瘦猪肉 500 克，荷叶 1 张

调料

盐 12 克，鸡精 5 克，白糖 20 克，
小苏打、胡椒粉各 10 克，葱花、
干淀粉各适量，陈皮末 3 克

做法

① 将精瘦肉洗净，用刀背剁成肉糜。
② 拌入盐、小苏打、鸡精、白糖、胡椒粉，在案板上不断摔打，
   待其黏性很强时，盛入容器里。
③ 荷叶洗净，沥干水分。将干淀粉用清水调匀，分几次慢慢
   倒入猪肉盆中搅匀，接着搅打至起胶且有弹性，加盖冷藏
   12 小时。
④ 取出猪肉糜，加陈皮末拌匀，然后用手挤成丸子。
⑤ 将洗净的荷叶铺在蒸笼里，将丸子均匀地摆在荷叶上，撒
   上葱花，上蒸笼蒸熟即可。

要点提示

· 先将肉剁成肉糜，是为了使猪肉纤维不断，韧性更强。

蜜汁叉烧

制作时间 2 小时 | 难易度 ★★

主料

梅花肉	600 克

调料

红葱头	15 克
淀粉	12 克
玫瑰露酒	10 毫升
麦芽糖	100 克
白糖	30 克
姜	1 片
鸡蛋	1 个
盐	少许
鸡精、五香粉、胡椒粉、芝麻酱、南乳、南乳汁、食用油	各适量

做法

① 红葱头去除外皮，横向切成薄片；鸡蛋打散，备用。

② 锅中倒入适量食用油（以能没过红葱头为准），烧至八成热，转小火，下入红葱头片炸至金黄，倒入漏勺控油后放凉，即为红葱酥，控出的油即为葱油。

③ 南乳压成泥，加入白糖、盐、鸡精、五香粉、胡椒粉、葱油、芝麻酱、南乳汁搅匀，再加入蛋液、淀粉、玫瑰露酒拌匀，做成叉烧酱。

④ 梅花肉洗净，用餐叉在表面均匀地扎孔，再均匀涂抹上调好的叉烧酱，用保鲜膜包起来，腌45分钟。

⑤ 将麦芽糖、白糖、盐、姜片混合，隔水加热至糖溶化，即成蜜汁刷料。

⑥ 烤箱预热至230℃，底层放入铺好锡纸的烤盘，将梅花肉两面刷上一层蜜汁，放在烤网上，烤20分钟。

⑦ 将梅花肉翻一次身，再刷一层蜜汁，继续烤，视梅花肉的厚度情况烤40～50分钟。其间要勤观察，留心肉颜色的变化和干身的程度。出炉前可再刷一次蜜汁，略烤几分钟即可。

Tips

"叉烧"这一名字源于制法。最早的叉烧肉叫"插烧肉"，是将猪里脊肉加插在烤全猪腹内，烧烤而成。由于这个方法比较麻烦，经过改良，将数条猪里脊肉串起来叉着烧，久而久之，"插烧"之名便被"叉烧"所取代。

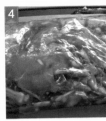
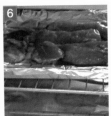

要点提示

· 刷上用麦芽糖调成的蜜汁料再烤，可使肉的色泽看起来更金黄光亮，口感更甘香。如果没有麦芽糖，可用蜂蜜代替。

顺德锅边起

主料

猪肉馅 300 克，鸡蛋 2 个，芹菜段适量

调料

盐 6 克，葱末 3 克，白糖 5 克，姜末、鸡精、香油各少许，料酒、生抽各 10 毫升，生粉、水淀粉、食用油、高汤各适量

做法

① 猪肉馅加盐、鸡精、料酒搅拌均匀，加入鸡蛋和生粉顺一个方向搅打上劲。芹菜段洗净，入沸水中焯水，捞出控干。

② 锅中放油烧热，把肉馅挤成大小丸子，放入锅中，中小火煎至两面金黄，盛出。

③ 油锅烧至八成热，放入葱末、姜末爆香，加入芹菜段、料酒、生抽、鸡精、高汤与白糖，待沸腾后加入肉丸，小火烧至汤汁浓郁，以水淀粉勾薄芡，淋上香油即可。

茶香骨

主料

猪小排 500 克，普洱茶叶 10 克

调料

盐 10 克，蚝油 60 克，葱 2 棵，姜 10 克，大蒜适量

做法

① 排骨洗净，斩成小块，放入滚水中汆烫后捞出，迅速放到冷水里，洗去血水，捞出备用；葱洗净，切段；姜洗净，切成片；大蒜去皮，用刀背拍散。

② 将排骨放入锅中，加入普洱茶叶、蚝油、葱段、姜片、大蒜和适量开水，中火炖 1 小时左右。

③ 出锅前 10 分钟放盐调味即可。

主料

猪腩排 300 克

调料

盐、白糖、生粉、梅膏、白醋、食用油各适量

做法

① 猪腩排洗净，斩段，用冷水泡去血水，控干水分，加入盐、生粉拌匀，腌制 30 分钟。

② 起油锅，烧至六成热，放入腌好的排骨炸至八分熟，捞出，10 秒后倒回油锅再炸一遍，捞出，沥干油分。

③ 将梅膏、白醋、白糖混合均匀成酱汁。

④ 炒锅置于炉火上，放少许油烧热，倒入腩排，加酱汁炒匀，煮约 8 分钟，至收干水分即可。

潮阳梅膏骨

主料

排骨 350 克，红椒、青椒各 5 克

调料

盐 3 克，料酒 10 毫升，生抽 10 毫升，豆豉 10 克，蒜、白糖各 5 克，生粉少许

做法

① 将排骨斩小块，洗净，放入盘中，加入盐、生粉、生抽、料酒、白糖，用手抓匀，腌渍片刻。

② 豆豉剁碎；青红椒洗净后切圈；蒜拍碎，去皮，切碎末。

③ 将豆豉、青红椒、蒜末放入排骨中，充分拌匀，放入烧开水的蒸锅中，大火蒸 15 ~ 30 分钟即可。

顺德豉汁蒸排骨

蜜椒蝴蝶骨

制作时间 2.5 小时　难易度 ★★

主料

肋排 500 克，青椒、红椒各适量

调料

黑胡椒粉、蜂蜜、生抽、鸡精、白糖、生粉、食用油各适量

做法

① 肋排洗净斩件，在肉中间切一刀，两边片薄，展开即成蝴蝶状。

② 青红椒洗净，切菱形块。

③ 肋排中放黑胡椒粉、生抽、鸡精、白糖、生粉拌匀，装在保鲜袋中，扎紧口，腌制 2 小时。

④ 腌好的肋排放入蒸锅中，大火蒸约 10 分钟，取出，沥干汁液。

⑤ 起油锅烧热，放入肋排炸至熟透，捞起，沥油。

⑥ 锅中留少许底油，放入黑胡椒粉、蜂蜜、生抽、鸡精、生粉和少许清水，烧至浓稠，再放入肋排、青红椒焖约 1 分钟即可。

南乳猪手

制作时间
15分钟

难易度
★★

主料

猪手 400 克，南乳 8 块

调料

南乳汁、生抽、料酒各 15 毫
升，鸡精 3 克，姜、蒜、冰糖、
食用油各适量

做法

① 猪手洗净、斩件，放入滚水中余水后捞出，用冷水冲洗、
沥干。

② 南乳碾碎，加入南乳汁、生抽、料酒，搅拌均匀。

③ 姜、蒜分别洗净，切片。

④ 炒锅置于炉火上，加油烧热，下蒜片、姜片爆香，倒入猪
手爆炒片刻，加入对好的汁翻炒均匀，煮开。

⑤ 放入冰糖、鸡精和适量的开水，大火烧开，转小火焖煮 1
小时至猪手软烂。

⑥ 再次转大火，收汁后盛出即可。

要点提示

· 注意加水需加开水，若加凉水则猪蹄不容易炖烂。

卤水猪大肠

制作时间
4 小时

难易度
★★

主料

猪大肠	950 克

调料

盐	15 克
生抽	50 毫升
丁香、桂皮、茴香籽、甘草、草果	各 3 克
胡椒粉	4 克
鱼露	2 克
白酒	10 毫升
生抽、白砂糖、粗盐	各适量

做法

① 将猪大肠撒入粗盐，反复揉搓，清洗干净。

② 将猪大肠翻到附着油脂的一面，撕去过多的油脂并洗净沥干。

③ 将丁香、桂皮、茴香籽、甘草、草果装入煲汤袋中，封扎袋口，放到瓦煲中，注入适量清水，加盖煲约 30 分钟至香味逸出。

④ 将猪大肠用厨房用纸吸抹一遍，将细小的肠条塞入肠头一段，从另一面穿出。

⑤ 将胡椒粉、鱼露、生抽、白砂糖、白酒、盐加入香料水中，煮沸，再放入猪大肠，加盖煲 2 ~ 3 小时。

⑥ 将卤好的猪大肠捞出，切段装盘即可。

主料

肥肠 200 克，红椒 30 克，洋葱 50 克

调料

调料 A：盐、白糖、生抽、柱侯酱、豆瓣酱、蚝油、料酒各适量；调料 B：蒜片、姜片、红葱头、香菜段、葱段、食用油各适量

做法

① 肥肠洗净，煮熟，捞出，切成小段。

② 将调料 A 搅拌均匀成味汁。

③ 红椒、洋葱、红葱头分别洗净，切块。

④ 油锅烧至六成热，放入肥肠翻炒，倒入料酒，快速炒匀，出锅。

⑤ 锅再入油烧热，加姜片、蒜片爆香，下红椒、洋葱、肥肠、红葱头、葱段翻炒均匀，淋上味汁，盖盖焖熟，关火，撒上香菜段即可。

啫啫肥肠

主料

竹肠 500 克，鸡蛋 2 个，青椒 1 个，红椒 1 个

调料

炸粉 200 克，葱花、盐、鸡精、食用油各适量

做法

① 竹肠里外都洗净，用热水浸烫后捞出，迅速入冷水浸凉，切成段。

② 青椒、红椒分别洗净，切块。

③ 鸡蛋打散，加入炸粉拌成糊（以提起筷子，糊不易滴落为宜。如果太稠可以加入少量清水），再放入竹肠，加盐、鸡精拌匀。

④ 锅置火上，倒入适量食用油烧热，下裹好炸粉的竹肠煎 2 分钟，翻面再煎 2 分钟，至两面金黄。

⑤ 下青红椒块、葱花翻炒几下即可。

煎焗竹肠

咸菜猪肚

制作时间
1.5 小时

难易度
★ ★

主料

潮州咸菜	100 克
猪肚	250 克

调料

盐	1 克
鸡精	2 克
白糖	1 克
蚝油	2 毫升
姜片	15 克
蒜片	10 克
葱段	10 克
辣椒酱	3 克
豆豉	3 克
水淀粉	15 毫升
胡椒粉	2 克
食用油	适量

做法

① 咸菜洗净，切成小块，入沸水中焯水 5 分钟，捞出，沥干。

② 猪肚彻底清洗干净，放入砂煲中，加水没过猪肚，煲约 1 小时至熟软，捞出切小块。

③ 炒锅置于炉火上，倒入适量食用油烧热，放入姜片、蒜片、葱段爆香，下咸菜、猪肚翻炒均匀，加少许清水煮 1 分钟。

④ 调入盐、鸡精、白糖、蚝油、辣椒酱、豆豉、胡椒粉，翻炒均匀，用水淀粉勾芡即可。

Tips

　　猪肚含有丰富的营养素，可补虚损、健脾胃。潮州咸菜块茎大、肉质肥厚，咸淡适中，集咸、酸、甜于一味而又恰到好处。二者搭配可谓完美结合，猪肚筋道而不腥膻，咸菜爽脆且下饭，非常好吃。

要点提示

· 猪肚要煮软了才可以炒，否则嚼不动。如果觉得煮的时间太长，也可以用压力锅来煮，上汽 20 分钟即可关火。

鬼马牛肉

制作时间
30分钟

难易度
★★

主料

牛肉	400 克
马蹄	100 克
油条	1 根
红尖椒	适量

调料

盐、鸡精、白砂糖、生粉、胡椒粉、生抽、蚝油、米酒、食用油　　各适量

Tips

　　"鬼马牛肉"中的"鬼马"指的是油炸鬼(油条)和马蹄。被称作广州西关"泮塘五秀（莲藕、慈姑、马蹄、茭笋、菱角）"之一的马蹄，味甜多汁，清脆可口，自古就有地下雪梨的美誉，被广泛运用到各种粤菜的烹制之中。

　　这道鬼马牛肉是粤地酒楼食肆常见的时令菜式，酥脆的"鬼马"配上嫩滑滑的牛肉，开胃爽口，滋味悠长。

做法

① 牛肉洗净，剔除筋膜，切成薄片，加入盐、白砂糖、生抽、生粉、水拌匀，腌制20分钟。

② 马蹄洗净，去皮，切薄片；红尖椒洗净，切片。

③ 油条切窄条，用热油炸至脆，捞出，沥干油分。

④ 锅中倒适量油，烧至六成热时放入腌好的牛肉片，迅速翻炒至牛肉变色，盛出沥油。

⑤ 锅中留少许底油，放入红尖椒、马蹄大火翻炒，加入米酒、盐、鸡精、蚝油、白砂糖、胡椒粉炒匀，下炒好的牛肉，继续翻炒。

⑥ 起锅前下油条，快速翻炒片刻即可。

要点提示

· 油条在锅中再次炸过后，口感会更脆，口味也更接近于老油条。

凉拌牛展

制作时间
2 小时

难易度
★★

主料

牛展	250 克

调料

八角、香叶	各 10 克
草果、花椒	各 15 克
卤料包	1 个
熟芝麻	3 克
香油、陈醋	各 5 毫升
辣椒	3 克
白糖、香菜	各 5 克

做法

① 牛展洗净；红椒洗净，切丝；香菜洗净，切段。

② 锅中注入足量的水，放入卤料包、八角、草果、花椒、香叶，大火煮开，再放入牛展煮沸，转小火煮 1 小时后关火。

③ 将牛展在卤汁中浸泡 40 分钟入味。

④ 将熟芝麻、香油、陈醋、辣椒、白糖、香菜放在碗中，拌匀成调味汁。

⑤ 将牛展切片，与红椒丝一并放入盘中，淋上调味汁即可。

烧汁珍菌牛仔骨

制作时间
45 分钟

难易度
★★

主料

牛仔骨 200 克，鸡腿菇 100 克，
青椒 15 克，红椒 15 克

调料

盐、鸡精、白砂糖各 5 克，
生抽 5 毫升，烧汁 50 毫升，
鸡汁 10 毫升，姜、蒜、食用
油各适量

做法

① 牛仔骨洗净切片，加盐、鸡精拌匀，腌制 30 分钟。

② 鸡腿菇洗净，切片；青椒、红椒分别洗净，切菱形块；姜、
蒜分别洗净，切成蓉。

③ 将鸡腿菇片、青红椒片一同放入沸油中，炸 15 秒钟后捞起，
沥干油分。

④ 炒锅置于炉火上，放适量食用油烧热，将牛仔骨放入锅中
煎至两面金黄，捞出。

⑤ 锅中留少许底油，放姜蓉、蒜蓉爆香，再放入鸡腿菇
片炒熟至香浓，接着放入牛仔骨、青红椒片，调入烧汁、
生抽、鸡汁、白砂糖翻炒 2 分钟即可。

桂花豉油鸡

制作时间 30分钟 ｜ 难易度 ★★

主料

走地鸡	半只（约450克）
干桂花	15 克
洋葱	1 个

调料

老姜	30 克
白糖	10 克
豉油汁	200 毫升

做法

① 鸡洗净；洋葱、老姜洗净，均切片；将洋葱和姜片铺满砂锅底部。

② 将半只鸡整个放入砂锅，均匀地撒上白糖，淋入豉油汁，加水至鸡身一半高度，盖上锅盖。

③ 中火煮开，转小火慢慢煮，其间翻面 2 ~ 3 次，使鸡肉均匀上色、入味。将筷子插入鸡大腿，拔出时无血水渗出，就表示熟了，撒入干桂花，转大火，将酱汁收至浓稠。

④ 将鸡捞出，取锅中酱汁装入蘸料碗中，待鸡稍凉后斩件装盘，配酱汁蘸食。

主料

鸡 1 只，当归、黄芪、红枣各少许

调料

盐 10 克

做法

① 鸡宰杀，从背部剖开，掏出内脏，洗净，用盐抹匀鸡全身内外，包上保鲜膜后放冰箱冷藏腌制 2 ~ 4 小时。

② 当归、黄芪分别洗净；红枣洗净，去核。

③ 将当归、黄芪、红枣放入鸡膛内。

④ 将鸡腹向上，头盘向身旁，脚剁去爪尖，屈于内侧，放入炖盅内，盖上盖，放入蒸锅中，大火隔水炖 20 分钟，转小火炖 2 小时即可。

客家清炖鸡

主料

土鸡 1 只

调料

老姜 4 片，葱 1 根，盐 5 克，生抽 10 毫升，花生油 60 毫升，葱姜蓉、香油各适量

做法

① 老姜去皮，洗净，切片；葱洗净，切段。

② 锅里注入足量清水，放入姜片和葱段，大火烧开。

③ 水开后将整只鸡浸在热水里，再次煮开，5 分钟后转小火，焖 20 分钟左右。用筷子插进鸡腿位置，没有血水带出即可出锅。

④ 在鸡表皮上抹上一层香油。

⑤ 将热花生油倒入葱姜蓉碗中，再加入适量盐、生抽和香油搅拌均匀做成蘸料。

⑥ 待鸡肉凉后斩件摆盘，蘸汁食用即可。

白切鸡

客家盐焗鸡

制作时间 40分钟　难易度 ★★★

主料

三黄鸡	1 只（约 1000 克）
纱纸	2 张

调料

粗海盐	2000 克
沙姜	5 克
姜黄粉	10 克
花生油	10 毫升
米酒	15 毫升
猪油	15 克
精盐	5 克
香油、鸡精	各适量

Tips

鸡是客家菜用到最多的原料之一，这道盐焗鸡正是客家菜中就地取材、味美咸鲜的代表。用炒至高热的盐将鸡焖熟，盐焗时，加热的时间以原料熟透为准，一般不太长，从而保护了食材的质感和鲜味。客家盐焗鸡外表澄黄油亮，香气清醇，浓而不腻，爽滑鲜嫩，并且最大程度上保留了鸡肉丰富的营养价值。

做法

① 沙姜洗净，刮去皮，切末；香菜去根，洗净，沥干水。

② 三黄鸡宰杀治净，用厨房纸吸干水分。

③ 用米酒均匀涂抹鸡身，再用姜黄粉抹一遍，腌制 15 分钟。将剩余的米酒加沙姜末拌匀，塞入鸡腹里，随后将两只鸡脚从尾部插入鸡腹内。

④ 取一张纱纸，刷上花生油。先用未刷油的纱纸裹好整鸡，再包上已刷油的纱纸，以牙签穿过鸡颈及鸡尾，固定纱纸，防止散开。

⑤ 炒锅旺火烧热，下粗海盐炒至发出啪啪响声时关火。

⑥ 取一深底瓦煲，先在瓦煲底部放入 1/4 炒热的粗海盐，放入包好的鸡，将余下的粗海盐均匀覆盖住鸡身。

⑦ 盖严瓦煲盖，小火约焗 6 分钟。将鸡翻转，再焗 6 分钟。关火，利用余热继续焗 2 分钟。

⑧ 取出鸡，揭去纱纸，剥下鸡皮，鸡肉撕成块，鸡骨拆散。

⑨ 将猪油、精盐、香油、鸡精调成味汁，与撕好的鸡拌匀，装盘即可。

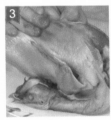
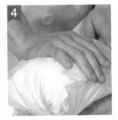

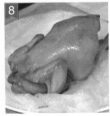

要点提示

· 瓦煲底部的粗海盐厚度要高于 5 厘米，铺得太浅，容易使纱纸烧焦，鸡会发黑难吃。

美极掌中宝

主料

掌中宝 300 克，红辣椒 50 克

调料

生粉 50 克，盐、鸡精各 5 克，白糖 10 克，料酒 5 毫升，美极生抽 15 毫升，葱白、食用油各适量

做法

① 掌中宝洗净，加盐、鸡精、白糖、料酒拌匀，腌制 2 小时。

② 吸干掌中宝表面水分，薄裹上一层生粉。

③ 红辣椒洗净，切块；葱白洗净，切段。

④ 将掌中宝放入三成热油锅翻炸后捞出。

⑤ 将油温回升至七成热，倒入掌中宝，翻炸至金黄色，出锅，沥干油分。

⑥ 锅中留少许底油，放入掌中宝、红辣椒、葱白煸香，用美极生抽调味，炒匀即可。

生炒酱油鸭脯

主料

鸭脯肉 200 克，菜心 50 克，蛋清 1 个

调料

蒜粉、盐各 5 克，生抽 5 毫升，老抽 3 毫升，高汤 30 毫升，料酒 30 毫升，葱段、姜片、食用油各适量

做法

① 鸭脯肉切片，加盐、蒜粉、料酒、鸡蛋清抓匀，腌 10 分钟。

② 菜心洗净，放入沸水中焯烫，捞出控水。

③ 菜心入热油锅爆炒，加盐炒至入味，装盘。

④ 锅入油烧热，下姜片、葱段爆香，淋入老抽，下鸭脯片翻炒，再调入料酒、生抽、高汤翻炒均匀。

⑤ 将炒好的鸭脯片和菜心摆盘即可。

三杯鸭

制作时间 40 分钟　难易度 ★★

主料

光鸭	半只

调料

客家米酒	50 毫升
食用油	50 毫升
生抽	50 毫升
盐	适量
白糖	适量
蚝油	适量

做法

① 光鸭斩去鸭爪，冲洗干净。

② 锅中加水烧开，放入光鸭，煮约 25 分钟，捞出，沥干。

③ 油锅烧至八成热，倒入生抽、客家米酒烧沸，放入鸭子。

④ 再调入白糖、蚝油、盐，不停地翻动，将汤汁不停地浇到鸭上，确保每一部位都入味。

⑤ 待汤汁收到约半碗的时候将鸭捞出，汁盛在碗里备用。

⑥ 待鸭冷却后切块，摆盘，淋上煮鸭的汁即可。

卤水鸭掌

主料

鸭掌 200 克，白芝麻 10 克

调料

盐、姜各适量，鸡精 3 克，八角 5 克，桂皮 4 克，草果 3 克，黄酒 8 毫升

做法

① 姜洗净，去皮，切片；白芝麻焙香待用。
② 鸭掌洗净，切去脚趾，用姜片、黄酒、盐拌匀，腌制 24 小时入味。
③ 锅中加水，放入盐、鸡精、八角、桂皮、草果、生姜，小火熬煮 2 小时，做成卤水。
④ 将鸭掌放入卤水中卤约 2 小时，取出，斩件。
⑤ 将鸭掌盛盘，撒上焙香的白芝麻即可。

鲍汁扣鹅掌

主料

鹅掌 250 克，西蓝花 50 克

调料

鲍汁 30 毫升，食用油适量

做法

① 鹅掌洗净，切去脚趾，入沸水中汆透，捞起，沥干。
② 西蓝花洗净，切成小块。
③ 起油锅烧热，下入鹅掌炸透，捞起沥油。
④ 将鹅掌、西蓝花在盘中排好，淋上鲍汁，再将整盘入蒸笼中蒸 30 分钟即可。

潮州干烧雁鹅

制作时间 1 小时　难易度 ★★★

主料

狮头鹅	1 只（约 2000 克）
藕	50 克

调料

盐、白糖	各 50 克
胡椒油	3 毫升
水淀粉	30 克
生抽	250 毫升
桂皮、甘草、八角	各 5 克
绍酒	50 毫升
潮州甜酱	5 克
食用油	适量

做法

① 将桂皮、八角、甘草放入布袋中，扎口后放入瓦盆，加适量清水、生抽、盐、白糖、绍酒，大火烧沸。

② 放入处理好并洗净的整狮头鹅，转小火滚约 10 分钟，关火，浸泡约 30 分钟后取出晾凉。

③ 将鹅身两边的肉整块片下，用水淀粉涂匀鹅皮。另将鹅骨剁小块，用水淀粉拌匀。起油锅，烧至五成热，将鹅肉皮朝上浸入油中，同时放入鹅骨，边炸边翻动，炸至骨硬皮脆时捞起。

④ 将鹅骨放入碟中，鹅肉切块，覆盖在骨上，淋上胡椒油，以潮州甜酱佐食。

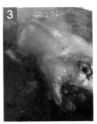

浓汤鱼丸

制作时间
30分钟

难易度
★★

主料

青鱼肉	300 克
鸡蛋	2 个
上海青	100 克

调料

盐	5 克
鸡精	3 克
料酒、生粉、海鲜高汤、香油	各适量
食用油	少许

做法

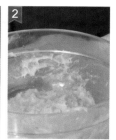

① 上海青洗净；鸡蛋取蛋清，青鱼肉洗净，剁成蓉。

② 鱼蓉中加入料酒、生粉和适量盐，搅打上劲，再加入鸡蛋清，继续搅拌 10 分钟。

③ 用清水淋湿双手，取一把鱼蓉，从虎口挤出，用汤匙刮取成小圆球，放在碟子上。

④ 锅中倒入适量清水，加入少许食用油和盐，大火烧开后放入鱼丸，煮至全部浮出水面时捞出，沥干。

⑤ 锅中注入海鲜高汤烧开，将鱼丸下入锅中，加盖焖煮 10 分钟。

⑥ 将上海青放入锅中煮至断生，下盐、鸡精、香油调味即可。

主料

鱼丸 300 克，萝卜 200 克，红椒丝少许

调料

盐 4 克，鸡精 2 克，熟猪油 10 克

做法

① 萝卜洗净，切成粗细适中的丝，过沸水后捞出，沥干。

② 将萝卜丝放入瓦煲内铺底，下鱼丸，加水没过食材，大火煮开，撇去浮沫。

③ 加盐、鸡精、熟猪油、红椒丝调味，再次煮沸即可。

要点提示

· 萝卜丝不可切太细，以免煮后失去其爽脆的口感。

客家鱼丸萝卜煲

主料

东江鱼 400 克，红椒 5 克

调料

盐 5 克，料酒 5 毫升，葱、姜各 5 克，生抽 10 毫升，食用油适量

做法

① 将鱼宰杀，去鱼鳞、鱼鳃，清洗干净，在鱼背部沿着脊骨开一刀。葱、姜、红椒分别洗净，切丝。

② 将鱼放入盘中，在鱼身上抹上少许盐，并淋上料酒、生抽，铺上葱丝、姜丝、红椒丝。

③ 蒸锅中注入适量清水烧开，放入鱼盘，中火蒸约 8 分钟，取出，拣去葱丝，再撒上生葱丝。

④ 炒锅置于炉火上，倒入适量食用油烧热，迅速将热油淋在鱼身上即可。

清蒸东江鱼

砂窝鱼头煲

制作时间 20 分钟　难易度 ★★

主料

| 胖头鱼头 | 1 个（约 400 克） |
| 青椒、红椒、洋葱 | 各 1 个 |

调料

姜	8 克
蒜	1 头
蚝油	5 克
生抽、料酒	各 15 毫升
白糖	3 克
盐、胡椒粉、生粉、香菜各少许	
食用油	适量

做法

① 鱼头洗净，去鳃，斩成 6 件，吸干水分，拍少许生粉。

② 姜洗净，去皮，切片；蒜去皮；洋葱洗净，切丝；青红椒洗净，切片；香菜洗净，切段。

③ 锅内倒油烧热，下鱼头，中火煎至两面金黄，盛出。

④ 锅中留底油烧热，下姜片爆香，加入 600 毫升水，加料酒、蚝油、生抽、白糖、胡椒粉、盐，煮沸后加入煎好的鱼头。

⑤ 取砂锅置火上，放油烧热，下蒜瓣、洋葱爆香，将鱼头连汁倒入砂锅中，下青红椒片，加盖焖约 3 分钟，撒上香菜即可。

咸鱼茄子煲

制作时间
45 分钟

难易度
★★

主料

茄子	400 克
咸鱼干	100 克

调料

盐	5 克
白糖	3 克
生抽	3 毫升
生粉	10 克
姜片	10 克
蒜末	5 克
葱花	15 克
高汤、食用油、水淀粉	各适量

做法

① 茄子洗净，切成食指粗的长条，用生粉抓匀。

② 锅中倒入食用油，烧至七成热，倒入茄条，小火炸至金黄色，捞出。转大火，再次下入油锅中迅速过一下油，捞出，沥干油。

③ 咸鱼干用清水浸泡 30 分钟，洗净，抹干，撕成小片，和 2 片生姜一起放入炸茄子的油锅中炸香，捞出沥油，锅内留少许底油，放入蒜末、姜片和咸鱼干小火炒香，再加入茄条翻炒均匀。

④ 全部倒入砂煲中，加入没过茄子一半高度的高汤，煮 5 分钟，加白糖、盐、生抽调味，用少许水淀粉勾薄芡，撒上葱花即可。

白灼基围虾

主料

鲜活基围虾 1000 克

调料

生抽、花生油各 10 毫升，葱结 50 克，姜片 10 克，料酒 5 毫升，姜蓉、蒜蓉各 5 克，清汤 50 毫升，鸡精少许

做法

① 基围虾洗净，剪去虾须，沥干水，备用。

② 锅中注入冷水烧开，放入姜片、葱结和料酒。将基围虾放入沸水中，虾壳颜色一旦变红即捞出，装盘。

③ 炒锅置于炉火上，倒入花生油，烧至八成热，下姜蓉、蒜蓉与生抽，稍拌匀后倒入清汤，汤开后放入少许鸡精，起锅装碟。

④ 食时剥除虾壳，蘸调味料食用即可。

要点提示

· 灼的时间要把握好，时间太长虾肉变老，就失去了鲜甜的口感。并且鲜虾下入沸水时不要来回翻动，以免虾头脱落。

椒盐濑尿虾

主料

濑尿虾	500 克
红尖椒	2 个

调料

蒜	2 瓣
椒盐粉	10 克
料酒	15 毫升
食用油	适量

做法

① 将濑尿虾尖角及虾足剪去，剔除杂物，冲洗干净后沥干。

② 红尖椒和大蒜洗净后分别剁碎。

③ 濑尿虾放入沸水中煮至刚刚变色，捞起，沥干。

④ 炒锅放油烧至七成热，放入红尖椒碎、大蒜碎爆香，盛出待用。

⑤ 锅再入油烧至七成热，放入煮过的濑尿虾，翻炒 4 分钟。

⑥ 将炒好的尖椒碎、大蒜碎下入锅中，加入椒盐粉，继续翻炒 2 分钟。调入料酒翻炒至虾身干透，盛入盘中即可。

盐焗虾

制作时间
25 分钟

难易度
★

主料

新鲜海虾	200 克

调料

粗盐	适量

要点提示

· 虾盐焗前一定要拭干水
分，否则水分会让盐溶
化，成品就会过咸。

做法

① 新鲜海虾洗净，剪去虾枪、虾须，去虾线后再次洗净，用厨房
纸吸干水分。

② 用长竹签从虾的尾部中间插入，直到头部，保持虾身直立。依
次串好所有的虾。

③ 烤箱预热至 200℃，取锡纸垫烤盘上，铺上约 0.5 厘米厚的粗盐，
排入虾，再铺上约 0.5 厘米厚的粗盐，将虾完全盖住。

④ 用一条锡纸将竹签露出来的部分遮住，送入预热好的烤箱，烤
15 分钟即可。

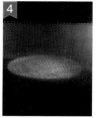

香煎蛏子

主料

蛏子 300 克，青椒块 10 克，红椒块 10 克

调料

辣椒酱 15 克，鱼露 30 毫升，料酒 10 毫升，
食用油 15 毫升，番茄酱 10 克

做法

① 蛏子放入盆中，用淡盐水养半天，待其吐
净泥沙，入沸水中汆烫至开口，捞出，撕
掉外壳边缘脏污物，控水。

② 炒锅中倒入食用油烧热，下辣椒酱、青红
椒块大火爆香。

③ 放入蛏子，调入鱼露、料酒，翻炒约 1 分
钟，装盘，淋上番茄酱即可。

豉椒炒白贝

主料

白贝 500 克，青椒、红椒各适量

调料

盐、豆豉、蒜、料酒、食用油、水淀粉各适量

做法

① 水盆里加适量盐和数滴油，放入白贝，浸
泡半天，使白贝吐尽泥沙，洗净。

② 烧一锅开水，下白贝汆烫至开口，捞出，
沥干。

③ 青椒、红椒分别洗净，切菱形块；蒜、豆
豉分别切碎。

④ 油锅烧热，放入蒜末、豆豉爆香，倒入白
贝、青红椒不停翻炒，调入盐、料酒炒匀，
加少许水煮 5 分钟。

⑤ 以水淀粉勾薄芡，炒匀即可。

豉汁蒸带子

制作时间
15 分钟

难易度
★★

主料

带子	6 个
粉丝	50 克

调料

豆豉	15 克
蒜	30 克
香葱	10 克
生抽	15 毫升
白糖	5 克
食用油	适量

做法

① 将带子壳刷干净，开边处理，将肉和壳都洗净，沥水备用。粉丝泡软，切段。

② 豆豉切碎；大蒜洗净，剁成蓉；香葱洗净，切葱花。

③ 将处理好的带子肉放入带子壳中，上面均匀地放上粉丝。

④ 锅内放入适量食用油烧热，放入豆豉、蒜蓉炒香，盛出，放在带子肉上。

⑤ 将生抽、白糖加少许热开水拌匀成调味汁。

⑥ 蒸锅中加入清水烧开，放入带子，加盖，大火蒸 6 分钟后取出，淋调味汁，撒上葱花。将少许食用油烧热，淋在带子和粉丝上即可。

蚝皇煎蛋

制作时间
15 分钟

难易度
★

主料

生蚝肉	200 克
鸡蛋	4 个

调料

盐	3 克
胡椒粉	3 克
生粉	15 克
食用油	适量
葱	2 根

做法

① 将生蚝肉放碗中，加入生粉，用手抓一抓去除黏液，洗净，放入沸水锅中余烫约 1 分钟，控水放凉。

② 葱洗净，1/3 切葱花，2/3 切末；鸡蛋打散。将蛋液、葱末、蚝肉拌匀，调入盐、胡椒粉。

③ 炒锅置于炉灶上，放食用油，大火烧热，倒入一半量的蚝肉蛋液，改小火翻炒至六分熟。

④ 盛出，和剩余蚝肉蛋液拌匀。

⑤ 再次放回锅中，摊成圆饼，小火煎至两面金黄。将煎好的圆饼分成 4 等份，装盘，撒上葱花即可。

海皇粉丝煲

制作时间 1.5 小时

难易度 ★★

主料

粉丝	100 克
鱿鱼、蛏子、虾	各 50 克
胡萝卜	20 克
豆芽	10 克

调料

盐	5 克
咖喱粉	10 克
葱、姜、食用油、高汤各适量	

做法

① 将鱿鱼宰杀治净，撕掉表面薄膜，对半切开，先从边角 45 度开始切斜刀，然后转过来 90 度切直刀，最后顺着直刀的纹路把鱿鱼切成块，洗净。

② 将虾洗净，去头、壳、肠泥，再洗净；胡萝卜、葱、姜、豆芽洗净，胡萝卜、姜切丝，葱切葱花。

③ 蛏子洗净，提前用淡盐水浸泡 1 小时，待其吐净泥沙，下沸水锅中氽烫约 20 秒即可捞出，去壳取肉，再洗净，每个蛏子切 3 段。

④ 粉丝放入温水中泡发，捞出，剪成段。

⑤ 油锅烧热，下姜丝爆香，放胡萝卜丝、豆芽翻炒，再依次放入鱿鱼、虾仁、蛏子、咖喱粉翻炒均匀。

⑥ 注入高汤，大火煮开，加盐调味，下粉丝搅匀，大火收汁，撒上葱花即可。

膏蟹蒸蛋

制作时间
20 分钟

难易度
★

主料

膏蟹	1 只
鸡蛋	3 个
红椒	30 克

调料

盐	5 克
鸡精	3 克
葱	1 根
胡椒粉	3 克
上汤	适量

做法

① 膏蟹洗净，拆下后盖，去掉杂物。

② 红椒洗净，切条；葱洗净，切段。

③ 鸡蛋打入碗中，加入盐、鸡精、胡椒粉、上汤搅拌均匀，倒入蒸蛋羹的盘中。

④ 将膏蟹放于蛋液上，撒上红椒、葱段，入蒸锅，中小火蒸 10 分钟即可。

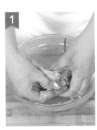   

银丝肉蟹煲

制作时间
20分钟

难易度
★★

主料

肉蟹	1只
干粉丝	100克

调料

生粉、红葱头、姜、生抽、老抽、黄酒、胡椒粉、葱、食用油各适量

要点提示

· 注意不要煎煳了，如果过干可以喷少许黄酒。

做法

① 肉蟹宰杀洗净，斩成块，用厨房用纸擦干，拍上少许生粉。

② 粉丝用温水泡发好，切成长约15厘米的段。

③ 红葱头切碎；将生抽、老抽、黄酒和胡椒粉混合成味汁。

④ 锅置于炉火上，放适量食用油烧热，放入蟹块，中小火干煎2分钟，翻面，略煎。放入姜片、红葱头碎再煎约2分钟，盛出。

⑤ 油锅烧热，放入粉丝翻炒，当粉丝开始变为透明时倒入一半味汁，边倒边搅拌，让粉丝均匀地裹上味汁。最后加入蟹块，再倒入剩下的味汁拌炒均匀，收汁后盛出，撒葱花即可。

什锦煮海鲜

制作时间
2.5 小时

难易度
★★★

主料

豆腐、虾、干贝、香菇、花甲、荷兰豆各 50 克

调料

盐 5 克，鸡精、胡椒粉各 2 克，生抽、料酒、香油各 15 毫升，蒜 15 克，水淀粉、食用油、高汤各适量，黄酒少许

做法

① 豆腐洗净，切块，入油锅炸 2 分钟，捞起沥油。

② 干贝在冷水中浸泡约 20 分钟，洗去表面灰尘，去除筋质，撕成小块，放入小碗中，加黄酒，入锅中蒸 1～2 小时，取出。

③ 花甲放入沸水中，煮至壳开后捞起，洗净。

④ 荷兰豆洗净，择去两边的筋，放入沸水中焯熟。

⑤ 虾去头、壳、泥肠，洗净；香菇洗净，放入水中泡发，取出，切块；蒜洗净，切片。

⑥ 炒锅置于炉火上，倒入适量食用油烧至六成热，下蒜片爆香，再下虾、干贝、花甲翻炒片刻，调入料酒、生抽、盐、高汤，大火煮开，倒入砂锅中。放入豆腐、香菇、荷兰豆，小火煲 5 分钟，加鸡精、胡椒粉，用水淀粉勾芡，淋少许香油即可。

蒜子火腩大鳝煲

制作时间
15 分钟

难易度
★★

主料

白鳝 400 克，火腩 100 克，青椒、红椒各适量

调料

蒜瓣 40 克，葱花 10 克，盐、胡椒粉、生抽、蚝油、水淀粉、食用油、料酒各适量，柠檬 1 个

Tips

这道菜里，火腩是将猪腹部分的肉（也叫三层肉）经过腌、烧烤后做成的烧肉；"大鳝"即白鳝，有着非常高的营养价值，被视为滋补美容的佳品。

蒜子火腩大鳝煲是粤菜中冬令时节的进补菜。用烤猪腹肉与鳝鱼同焖，嫩滑香浓，美味又养身。

做法

① 将白鳝宰好，洗净，去除黏液，切段，沥干水后用盐拌匀。火腩切小块；青红椒洗净，切菱形块；柠檬取皮，切成丝。

② 炒锅置于炉火上，放适量食用油烧热，下火腩和蒜瓣炒香。

③ 加白鳝段大火翻炒。

④ 加入料酒和少许水，放入柠檬皮丝、青红椒块、蚝油、生抽、盐、胡椒粉，翻炒均匀，大火收汁，用水淀粉勾薄芡，出锅撒葱花即可。

第二章

火候十足——最靓老火汤

广东人喜欢喝汤，更擅长煲汤。岭南人深谙"药食同源"的原理，并将其充分运用于煲汤中。当食材与药材经过几个小时的细火慢熬后，所有的精华全都原汁原味地溶解于汤水中。一碗汤的个中滋味，喝过方能体味。

1 百食汤为先

一方水土养育一方人。"四时皆是夏,一雨便成秋"的岭南,气候湿热,当地人最喜欢的,除了喝凉茶,便是喝汤了。

广东汤文化历史悠久。据《史书》记载:"岭南之地,暑湿所居。粤人笃信汤有清热去火之效,故饮食中不可无汤"。古时,由于岭南瘴气弥漫,长久居住,热毒、湿气侵身在所难免,人们为了应对恶劣的气候环境所带来的危害,便开始寻求解救之法。而真正的药汤实在苦口,于是人们就从中医药理的"食补同源"中获取灵感,将食材与药材同煮,既有了药之良效,又有了入口之甘甜,于是便诞生了"老火汤"。

老火汤是调节人体阴阳平衡的养生汤,更是辅助治疗、恢复身体的药膳汤。主要食材一般以质地比较粗老、能耐受长时间加热的荤料为主,并以大块、整料为宜,炖的温度一般保持在 90 ~ 95℃,时间通常为 2 ~ 4 小时。熬制时间长、火候足、味鲜美,所以广东人将以这种方法煮出来的汤叫做"老火汤"。

广府人的老火汤种类繁多,肉、蛋、海鲜、蔬菜、干果、粮食、药材等,无一不可入汤。煲汤的方法不拘一格,熬、滚、煲、烩、炖……各

有各的精彩。由于汤料各不相同,所以汤水往往呈现出咸、甜、酸等多样的风味。

"宁可食无肉,不可啖无汤",这是广东人的饮食习惯。点餐时,一饭一汤搭配;进餐时,先汤后饭;宴请宾客时,最先选好汤品;就连到酒楼用餐,服务员也是最先询问:要不要来一煲今日的主打靓汤?从高档酒楼到街边的快餐店,"明火例汤""老火靓汤"的金字招牌随处可见。寻常巷陌中,但凡见到街坊提着菜篮归来,人们都会亲切地问一句"今日煲咩靓汤啊"。如同早晨问候饮茶一样,询问"喝什么汤"也成了广东人打招呼的一种方式。

有位美食家曾说:"汤是广东饮食文化的全部底蕴,更是广东省男女老少们日常生活的幸福源泉。"在广东,几乎每个女人都有一本煲汤心经。勤劳务实的广东女人乐于相夫教子,她们将对家人的关爱,融入到精心熬制的一锅汤中,在一汤一水中,细心地呵护着家庭。

2 靓汤寻真味

在外省人看来，煲汤无非就是将食材与水同煮。但其中区别，只有广府人才能深谙。广府人煲汤，视时节而变，视体质而调，视症状而改……煲汤，就是与天地、与人、与物之间的交流。

顺时进补

春温、夏热、秋凉、冬寒，聪明的广东人依照四季气候的变化特点，把汤水分为了"驱寒除湿""消暑退热""滋润肠燥"和"补益强身"四种功能。在不同季节，煲不同种类的老火靓汤来喝，能达到顺应自然变化来调理身体的效果。

在春雨绵绵的季节，煲一锅赤小豆鸡汤，既美味又有益；在炎炎夏日，来一碗西洋参冬瓜老鸭汤，清热解暑；秋风阵阵，天气干燥，适合煲一锅润肺化痰止咳的霸王花菜干猪肺汤；寒冬时节，喝一碗热乎乎的桂圆花生排骨汤最是滋补。

辨证调理

广东人认为汤水可以滋补五脏、营养六腑。不同的身体症状，就要用不同的汤水来调理。通常来说，广东人根据人的体质，将汤分为热补类、温补类、平补类和凉补类四种。

热补类的汤品适合虚弱体质，具有舒筋活血、温暖五脏的功效，通常会搭配热性的药材来增强补性，如人参、山羊肉、干姜等；温补类汤品适合于阳虚体质，症状表现为畏寒、便溏等，常用鸡肉、栗子、海参等入汤；平补类的汤品性质温和，多用桂圆、红枣、猪瘦肉等，有补气补血、消除疲劳、安定神经等保健功效；凉补类的汤品，常选用冬瓜、莲子、苦瓜等，对多汗口渴、咽干舌燥、便秘、尿赤等症状有食疗效果。

木瓜炖排骨

主料

木瓜 1 个，排骨 400 克

调料

盐适量，姜 5 克

做法

① 将木瓜洗净后去皮，剖开去籽，切块；姜去皮，切片。

② 将排骨洗净，切块，放沸水中余烫至变色，捞出用冷水冲净表面。

③ 将排骨放入炖盅，木瓜盖在上面，放入姜片，加水没过主料，用保鲜膜覆盖封口。

④ 蒸锅加水，放入炖盅，加盖大火烧开，改小火隔水炖约 1 小时。

⑤ 食前放盐调味即可。

莲藕煲猪骨

主料

猪骨 300 克，莲藕 400 克，红枣 30 克

调料

盐 5 克，鸡精 3 克，料酒 5 毫升，姜 5 克

做法

① 猪骨冲洗干净，斩块，放入锅中，加冷水煮沸，撇去浮沫，捞出沥干。

② 莲藕洗净，切滚刀块；红枣洗净；姜洗净，切片。

③ 煲中注入适量的清水，大火烧开，放入莲藕，转小火煮 20 分钟。

④ 将猪骨、红枣放入，转大火烧开，再放入料酒和姜片，转小火炖煮至肉熟烂。

⑤ 加盐、鸡精调味即可。

白萝卜海带排骨汤

制作时间
2 小时

难易度
★★

主料

排骨	500 克
白萝卜	200 克
干海带	50 克

调料

盐	3 克
姜	2 片

做法

① 排骨洗净,斩块,放入锅中加冷水煮沸,撇去浮沫,捞出沥干。

② 白萝卜洗净,去皮切块;将干海带泡发好,洗净泥沙,切片。

③ 将排骨、姜片放入煲中, 加入适量的清水, 大火煮开, 转
小火煲 1 小时。

④ 将海带、白萝卜放入煲中, 大火煮开后转小火煲 30 分钟。

⑤ 加盐调味即可。

要点提示

· 将干海带放入蒸锅隔水蒸 20 ～ 30 分钟。将蒸好的海
带放入清水中, 加入 1 小勺面粉（或淀粉）, 轻轻搅
匀并浸泡 10 分钟。最后用手轻轻揉搓海带,用清水漂
洗干净即可。

花生炖猪脚

制作时间
1.5 小时

难易度
★ ★

主料

猪脚	400 克
花生米	100 克

调料

米酒	30 毫升
盐	适量

做法

① 将猪脚刮洗干净，剁成小块。

② 放入锅中,加冷水煮沸,撇去浮沫,捞出沥干。将花生米洗净,放沸水里氽烫约 2 分钟,捞出控水。

③ 瓦煲中加适量水,大火烧开,放入猪脚、花生米,倒入米酒,大火烧开，改小火继续煲约 1 小时。

④ 放盐调味即可。

要点提示

· 花生本身会有涩味，在炖煮前应做氽水处理。另由于花生含油脂较多，肠胃不好者，可酌情减量。

客家猪杂汤

制作时间 1.5 小时　难易度 ★★

主料

猪肉	150 克
排骨	200 克
猪肚、猪粉肠	各 100 克
红枣	30 克
枸杞	10 克

调料

盐	5 克
鸡精	3 克
姜、蒜	各少许

做法

① 将猪肉、排骨、猪肚洗净，切块；猪粉肠洗净，切段。

② 红枣、枸杞冲洗净；姜洗净，去皮切片；蒜去皮洗净，切块。

③ 将猪肉、排骨、猪粉肠分别入沸水中余烫，捞出用冷水冲洗干净。将所有主料放入煲中，加清水没过食材约 3 厘米，大火煮开，转小火煲 1 小时。

④ 下盐、鸡精调味即可。

桂参大枣猪心汤

制作时间
50分钟

难易度
★★

主料

桂皮	5 克
党参	10 克
红枣	10 颗
猪心	半个

调料

盐	适量

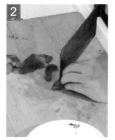

做法

① 将桂皮、党参、红枣分别洗净，党参切小段，红枣去核。

② 将猪心洗净，挤出血水，放沸水中汆烫约 3 分钟，捞出冲去浮沫，放凉后切片。

③ 将桂皮、党参、红枣一起放入瓦煲，加适量水，大火烧开，改小火煮约 30 分钟。

④ 放入猪心，继续煮至沸腾，放盐调味即可。

要点提示

· 切片时要切薄一些，才更易入味。

· 猪心不宜过早放入，以免煮制时间过长而影响鲜嫩的口感。

菜干猪肺汤

制作时间
3 小时

难易度
★

主料

菜干、猪肺	各 250 克
黄豆	100 克
无花果	5 克
蜜枣	2 颗

调料

盐	适量

做法

① 将菜干在清水中浸泡 30 分钟，洗净，沥干水分。

② 猪肺洗净，放入锅中加水汆烫，捞出洗净，切片。

③ 黄豆洗净，在清水中浸泡 30 分钟；无花果、蜜枣分别洗净。

④ 将所有主料一同放入砂煲中，加清水没过食材约 3 厘米，大火煲开，转小火煲 2 小时，加盐调味即可。

要点提示

· 猪肺巧清洗：将猪肺用清水冲净表面，切成小块，放入盆中，加入适量干淀粉，用手不断揉搓，然后用流动清水冲干净，再加入适量干淀粉，揉搓后再用流动清水冲洗。重复 2 ～ 3 次，直至冲洗猪肺的水变清为止。

胡椒猪肚鸡汤

制作时间 3 小时　难易度 ★★

主料

猪肚	1 个
鸡	1 只

调料

姜	3 片
盐	适量
白胡椒粒	40 粒
生粉	适量

做法

① 白胡椒粒洗净，装入煲汤袋中。

② 将猪肚内外分别用生粉与盐反复抓洗至无异味，冲洗至无黏液。

③ 鸡宰杀治净，撕去多余肥油。剁下鸡爪和鸡头，塞入鸡膛内，再塞入装有白胡椒粒的煲汤袋。将整鸡塞入猪肚中，用棉绳将猪肚两头扎紧封口。

④ 放入瓦煲中，加水至没过食材约 3 厘米，放入姜片。

⑤ 先以大火烧开，撇去浮沫，改小火煲约 2.5 小时，关火。

⑥ 将猪肚捞出，开口取鸡，猪肚切长条，鸡斩小块。

⑦ 撇掉原汤里的油沫，下适量盐调味。

⑧ 将鸡块和猪肚条重放回原汤中，开大火烧开，改小火煲 10 分钟即可。

Tips

　　用整个生猪肚把整鸡包起来，与白胡椒粒一同煲熟，就做成了广东客家的招牌美味猪肚鸡。这道汤流行于粤东一带，是当地酒席必备的餐前汤。

要点提示

· 最地道的猪肚鸡吃法：首先饮用原汁原味的浓汤。接着将猪肚剖开，取出里面的熟鸡斩件后，猪肚切条，一并放回原汤中继续煲 5～10 分钟，再吃猪肚和鸡肉。再放入菜干、香菇等素菜炖煮，这样不仅素菜吸收了肉味更可口，汤味也会变得更清甜。最后加入肉丸、鲜鸡什、竹肠等肉荤，此时汤水就越加浓郁美味了。

莲子煲猪肚汤

制作时间
4.5 小时

难易度
★★

主料

猪肚	150 克
莲子	30 克

调料

姜	8 克
白胡椒粒	10 克
盐	适量

做法

① 将猪肚剪掉多余的油脂，洗净，入沸水锅中，以大火汆烫至变色。

② 撇净浮沫，捞出沥干，切条。

③ 将莲子洗净，在温水中浸泡 2 小时，去掉皮和心。姜洗净，切片；白胡椒粒装入煲汤袋中。

④ 将莲子放入煲中，加适量的水，大火煮 15 分钟。

⑤ 下入猪肚、姜片、煲汤袋，大火煮沸，转小火煲 2 小时。

⑥ 取出煲汤袋，加盐调味即可。

要点提示

·莲子用温水浸泡后再煲汤，比较容易煮烂。

茶树菇炖鸡

制作时间 2.5 小时　难易度 ★★

主料

鸡	1 只
茶树菇（干品）	20 克

调料

盐、白胡椒粉	各适量
姜	5 克

做法

① 茶树菇洗净，放水中浸泡约 30 分钟，捞出控水备用。将鸡宰杀治净，切块。

② 将鸡块放沸水氽烫至变色，撇去表面浮沫，捞出控水。

③ 鸡块放入炖盅内，茶树菇铺在鸡块上，倒入白胡椒粉，加水没过主料。

④ 蒸锅加水适量，炖盅用保鲜膜封口，放入蒸锅中，加盖大火烧开，改小火隔水炖约 1.5 小时。

⑤ 食前放盐调味即可。

无花果山楂煲鸡汤

制作时间 3.5 小时　难易度 ★

主料

鸡	1 只
无花果	50 克
山楂片	10 克

调料

盐	适量

要点提示

· 无花果以外表丰满、无瑕疵、裂纹多、前面的口开得小一点的为好。

做法

① 将鸡宰杀治净，斩块，入沸水中汆烫，捞出沥干。

② 无花果浸泡 30 分钟，沥干；山楂片冲洗干净。

③ 将鸡、无花果、山楂片一同放入砂煲中，加清水至没过食材约 3 厘米，大火烧沸，转小火炖煮 3 小时。

④ 放盐调味即可。

四物鸡汤

制作时间
2 小时

难易度
★

主料

鸡腿	1 只
熟地	25 克
当归	15 克
川芎	5 克
炒白芍	10 克
红枣	2 颗

调料

盐	适量

做法

① 将鸡腿洗净，剁块；红枣冲洗干净。

② 将熟地、当归、川芎、炒白芍分别用清水浸泡 3~5 分钟，捞出，冲洗干净，沥干水分。

③ 锅中加入适量的清水，将熟地、当归、川芎、炒白芍一同放入锅中，大火煮开，揭开锅盖，待药味散开后关火。

④ 将鸡腿、红枣一同放入砂锅中，迅速倒入烧开的药汁，大火烧开，改小火煲 1.5 小时。食前加盐调味即可。

要点提示

· 这道汤是补血养血的良方，尤其适合女性和血虚、体弱的男性饮用。但是，四物汤属于温补性质，会恶化体内的发炎症状。所以，应在中医师的指导下饮用。

冬瓜薏仁鸭汤

制作时间
2.5 小时

难易度
★★

主料

老鸭	半只
薏仁	50 克
芡实	20 克
陈皮	10 克
干贝	3 粒
冬瓜	适量

调料

姜、盐	各适量

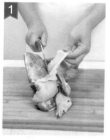

做法

① 将老鸭宰杀治净，取半只，去除鸭皮和油脂后剁小块，放沸水里汆烫，捞出冲洗净表面。

② 将薏仁、芡实、陈皮分别洗净；姜洗净，切片。

③ 将干贝泡发，撕成条；冬瓜连皮切块。

④ 将所有主料、姜片放入瓦煲内，加水没过食材约 3 厘米，大火烧开，改小火煲约 2 小时，加盐调味即可。

要点提示

· 因老鸭皮下脂肪较多，为了汤水清爽，应先将鸭皮和油脂去除。

· 薏仁和芡实质地较硬，应分别提前浸泡半天，才易煮烂。

金霍斛炖水鸭

制作时间 1.5 小时　难易度 ★★

主料

水鸭	半只
猪瘦肉	250 克
花旗参	15 克
金霍斛	15 克
虫草花	10 克

调料

盐	适量

做法

① 将金霍斛洗净，浸泡一晚；虫草花和花旗参分别洗净。

② 水鸭治净，剁成块；猪瘦肉洗净，切块，分别氽水。

③ 炖盅内放入猪瘦肉、水鸭、金霍斛，倒入浸泡的原汤，最后放入虫草花和花旗参，加矿泉水没过食材，盖上盖。

④ 蒸锅中加入适量水，放入炖盅内，以高火隔水炖约 2.5 小时，改中小火炖 30 分钟。食前放盐调味即可。

北芪枸杞乳鸽汤

主料

乳鸽 1 只，北芪 30 克，枸杞 30 克

调料

盐适量

做法

① 乳鸽宰杀治净，入沸水中略余烫，捞出用冷水冲去浮沫。

② 北芪用清水浸泡 3 ~ 5 分钟，捞出冲洗干净，沥干水分；枸杞在淡盐水中浸泡 8 ~ 10 分钟，用清水洗净。

③ 将乳鸽、北芪、枸杞一同放入炖盅内，加清水没过食材，盖上盖。

④ 蒸锅中加入适量水，放入炖盅，以大火隔水炖约 1.5 小时，转中小火炖 30 分钟。

⑤ 食前放盐调味即可。

潮汕鸽吞燕

主料

乳鸽 1 只，燕窝 8 克，火腿少许

调料

盐适量，高汤 500 毫升

做法

① 将乳鸽宰杀治净，入沸水中余烫，捞出用冷水冲净表面；火腿切丝。

② 将燕窝用清水浸泡 30 分钟，待其软化能解散开时滗去水，再换水浸泡 40 分钟，用镊子拣去杂质绒毛，再用开水闷发 1.5 小时。

③ 将燕窝与火腿丝拌匀，塞入鸽腹中。

④ 将乳鸽放入炖盅内，加入高汤没过乳鸽，入蒸锅隔水炖 3 小时。

⑤ 加盐调味即可。

冬瓜羊排汤

制作时间 1.5 小时　难易度 ★

主料

羊排	500 克
冬瓜	300 克

调料

姜	5 克
葱	2 根

做法

① 葱洗净，切葱花；姜洗净，切片。

② 羊排洗净，顺着肋条方向切开。

③ 将切好的羊排放入冷水锅中，大火煮沸，撇去浮沫，至羊排变色，捞出冲净。

④ 冬瓜洗净，不去皮，切成块。

⑤ 瓦煲中加适量水，大火烧开，放入羊排和姜片，煮沸后改小火炖 1 小时。

⑥ 将冬瓜块放入，继续煲 20 分钟。

⑦ 放盐调味，撒上葱花即可。

菠菜手打鱼丸汤

制作时间 40分钟　难易度 ★★

主料

菠菜	150 克
黄鱼	700 克
鸡蛋	1 个

调料

盐	15 克
鸡精	3 克
香油	1 毫升

做法

① 菠菜冲洗干净，沥干水分，切段。

② 将黄鱼宰杀治净，片下鱼肉，将鱼肉皮朝下放置，用刀或不锈钢勺刮取鱼肉糜，再反复剁细，放入碗中。

③ 鱼糜中加入鸡蛋清、10 克盐和 25 毫升清水，朝一个方向搅匀，再用力反复摔打至起胶，挤成鱼丸，放于清水盆中。

④ 将鱼丸连清水一起倒入锅中，大火煮至定形，取出。

⑤ 另起锅，加适量清水，放入鱼丸，大火煮开，转小火煮至鱼丸浮起。放入菠菜段，煮开，放入鸡精和剩下的盐，淋香油即可。

萝卜丝鲫鱼汤

制作时间
15 分钟

难易度
★★

主料

鲫鱼	1 条
白萝卜	300 克

调料

姜	8 片
葱花	少许
食用油、盐、料酒	各适量

做法

① 将鲫鱼宰杀治净，擦干水分。

② 将白萝卜洗净，去皮，切成丝，入沸水汆烫约 10 秒，捞出。

③ 将食用油倒入平底锅中，大火烧至七成热，下姜片爆出香味，再放入鲫鱼，改小火煎至两面金黄，连同姜片一起盛出。

④ 瓦煲中加适量水，大火烧开，放入鲫鱼、姜片，倒入料酒，继续烧开，改中火煮 5 分钟，放入萝卜丝，改大火烧开，撇去浮沫，改中火煮约 8 分钟。

⑤ 放盐调味，撒上葱花即可。

要点提示

· 萝卜丝要切得均匀，且不宜切得过细，否则很容易煮碎。

青橄榄炖鲍鱼

制作时间
3.5 小时

难易度
★★

主料

青橄榄	4 颗
鲍鱼	2 只
龙骨	150 克
猪瘦肉	150 克

调料

盐	适量
香菜	1 棵

做法

① 将鲍鱼肉从壳中取出，去掉肠肚，用水冲洗干净，再加盐搓揉，洗净；鲍鱼壳刷洗干净，留用。

② 青橄榄用清水冲洗干净，切去两头，再一切为二。

③ 龙骨、猪瘦肉分别洗净，切块后入沸水中余烫，捞出用冷水冲去血沫。

④ 香菜择去叶子，取约 3 厘米长的梗，备用。

⑤ 炖盅中先放入一半的青橄榄，然后依次放入猪瘦肉、龙骨、鲍鱼壳，再放入剩下的青橄榄，加水没过食材，盖上盖。

⑥ 蒸锅中加入适量水，放入炖盅，以高火隔水炖约 2.5 小时。

⑦ 放入鲍鱼肉、香菜梗，转中小火炖 30 分钟。喝前放盐调味即可。

主料

九孔小鲍鱼 5 只（鲜品带壳），黄精 40 克，
当归 20 克，红枣 100 克

调料

姜 2 片，盐适量

做法

① 将九孔小鲍鱼外壳撬开，将外壳刷洗干净，
鲍鱼肉清洗掉黏液。

② 黄精、当归、红枣分别洗净，红枣去核。

③ 将所有主料、姜片放入炖盅内，加水没过
食材，盖上盖。

④ 蒸锅中加入适量水，放入炖盅，以大火炖
约 2.5 小时。

⑤ 放入鲍鱼肉转中小火炖 30 分钟。

⑥ 食前放盐调味即可。

当归黄精炖鲍鱼

主料

膏蟹 1 只，白萝卜 200 克

调料

盐 5 克，姜丝、花雕酒、香油、高汤各适量

做法

① 白萝卜去皮，洗净，切丝，焯水后沥干。

② 膏蟹洗净，去脐，揭开蟹壳，去掉蟹胃等
杂物，将蟹身从中间一切两半，放入碗中，
放入姜丝、花雕酒、少许盐，腌渍 10 分钟。

③ 将高汤倒入瓦煲中，大火烧开，下入萝卜
丝和膏蟹，大火煮 15 分钟。

④ 加盐调味，滴儿滴香油即可。

萝卜膏蟹汤

奶白菜炖干贝

制作时间
2 小时

难易度
★

主料

奶白菜	500 克
干贝	50 克

调料

盐、黄酒、姜、葱	各适量

做法

① 奶白菜去老叶，洗净，撕开。

② 干贝用温水浸泡 15 分钟，洗净，放入小碗中，加少量黄酒、姜、葱隔水蒸软，取出撕成丝。蒸出的汤汁滗去杂质留用。

③ 砂煲中放入奶白菜、干贝、干贝汤汁，加清水没过食材约 3 厘米，大火煲开，转小火煲 1.5 小时。

④ 加盐调味即可。

Tips

品质好的干贝干燥，颗粒完整，大小均匀，色淡黄而略有光泽，不管是入菜还是煲汤皆鲜美异常。将香滑清甜的奶白菜与干贝同煲，汤汁浓郁、鲜香、清甜、嫩滑。

沙白豆腐汤

制作时间
30 分钟

难易度
★

主料

沙白	500 克
豆腐	150 克

调料

香菜	15 克
姜	3 克
香油、盐	各适量

做法

① 沙白吐尽泥沙，开壳剔除黑色脏污，冲洗净，放沸水里氽烫至开口，捞出。

② 香菜洗净，切段；姜洗净，切丝；豆腐洗净，切成 1.5 厘米见方的小块，放沸水中氽烫，捞出。

③ 锅中放入沙白、姜丝，加水适量，大火烧开。

④ 放入豆腐，改小火再煮开。加盐调味，关火，撒入香菜段，淋上香油即可。

要点提示

· 先将沙白外壳刷洗干净，然后在一盆清水中放少许食盐化开，将沙白放入，滴少量食用油，静置约 30 分钟，沙白就会逐渐吐尽泥沙。

四宝海皇汤

制作时间 3.5 小时　难易度 ★★

主料

海马 2 条，干贝 2 颗，海螺干 25 克，鲍鱼干、凤爪各 2 个，猪瘦肉 50 克，枸杞 10 克，红枣 2 颗

调料

姜片 2 片，盐少许

做法

① 将干贝、海螺干、鲍鱼干分别洗净后做泡发处理。

② 将枸杞、红枣、海马、凤爪、猪瘦肉分别洗净。

③ 将凤爪、猪瘦肉入沸水锅中氽烫，捞出用冷水冲净表面。

④ 将除枸杞外的其它主料和姜片放入汤煲内，加水没过主料约 3 厘米，大火烧开，改小火煲约 2.5 小时。

⑤ 放入枸杞，继续炖约 30 分钟。

⑥ 放盐调味即可。

南瓜海鲜盅

制作时间 20 分钟　难易度 ★★

主料

南瓜	1 个
虾仁	300 克
海参	2 条
花胶	15 克

调料

盐、食用油	各适量

要点提示

· 南瓜最好选用形状较扁的，方便掏空内瓤装入其他食材，且更容易蒸熟。

做法

① 南瓜洗净，切去顶部，掏空内瓤。

② 虾仁洗净；海参泡发，洗净，每条切两半。

③ 花胶泡发，洗净后切成段。

④ 油锅烧至六成热，下海参、虾仁、花胶翻炒约 5 分钟。将翻炒好的材料盛入南瓜内，加开水没过食材，盖上之前切下的南瓜顶盖。

⑤ 蒸锅水开后放入南瓜盅，小火蒸 15 分钟，放盐调味即可。

锅仔黄酒浸双宝

制作时间
1 小时

难易度
★★

主料

羊肾 100 克，鸡卵 200 克，猪肉 50 克，黄芪、红枣、党参、枸杞各少许

调料

盐 5 克，鸡精、胡椒粉各 2 克，黄酒 150 毫升，高汤 200 毫升

做法

① 羊肾剖开，挑去筋膜部分，洗净，切片；猪肉洗净，切块；鸡卵洗净。

② 黄芪、党参用清水浸泡 3 ~ 5 分钟，捞出，冲洗干净，沥干；枸杞在淡盐水中浸泡 10 分钟，洗净；红枣在清水中泡 30 分钟，捞出，洗净。

③ 将羊肾、鸡卵、猪肉分别入沸水中汆烫，捞出冲净，沥干。

④ 将所有主料一并放入砂锅，倒入黄酒、高汤，大火烧开，转小火煮 20 分钟。

⑤ 放盐、鸡精和胡椒粉调味即可。

红枣芡实煲猪肉

制作时间
4 小时

难易度
★★

主料

猪肉 200 克，韭菜 200 克，
淮山 50 克，芡实 50 克，红
枣 4 颗，蜜枣 2 颗

调料

盐适量

做法

① 猪肉洗净切块，入沸水中余烫，捞出，用冷水冲净，沥干水分。

② 韭菜用流动清水洗净，在清水中浸泡 30 分钟，捞出沥干水分，切段。红枣洗净去核；淮山洗净切片，放进淡盐水中浸泡，捞起。

③ 芡实在清水中浸泡 1.5 小时；蜜枣用流动清水洗净。

④ 煲中放适量清水，大火烧开，将除韭菜外的其它主料一并放入煲中，再次煲开，转小火煲 2 小时。

⑤ 将韭菜加入汤中，小火煲 5 分钟即关火。

⑥ 食前加盐调味即可。

杜仲炖猪腰

制作时间 2 小时　　难易度 ★★

主料

杜仲	25 克
猪腰	1 个
猪瘦肉	100 克

调料

姜	5 克
盐	适量

做法

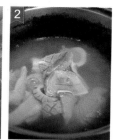

① 杜仲洗净，放水中浸泡约 15 分钟，捞出，装入煲汤袋中；姜洗净，切片。

② 猪腰洗净，剖成两片，挑去筋膜，每片剖十字花刀，放入冷水锅中，大火煮沸，撇去表面浮沫，煮至猪腰变色，捞出用冷水冲净。

③ 猪瘦肉洗净，切块，放沸水中汆烫至刚变色即可捞出，冲去血沫。

④ 将猪腰、猪瘦肉、装有杜仲的煲汤袋、姜片一起放入炖盅内，加水没过食材。

⑤ 蒸锅适量加水，炖盅加盖后放入蒸锅，大火烧开，转小火隔水炖约 1.5 小时，加盐调味即可。

主料

羊鞭 1 条，猪瘦肉 100 克，红枣、党参、枸杞各少许

调料

盐、鸡精各适量，料酒 50 毫升，胡椒粉少许

做法

① 羊鞭剖开，洗净，切小段；猪瘦肉洗净，切块；红枣、党参、枸杞分别洗净。

② 将羊鞭、猪瘦肉分别放入沸水中汆烫，捞出，冲洗干净。

③ 将羊鞭、猪瘦肉、红枣、党参、枸杞一并放入瓦煲中，倒入料酒，加水没过主料，大火烧开，转小火煲 3 小时，放盐、鸡精、胡椒粉调味即可。

党参枸杞炖羊鞭

主料

鹿鞭 1 条，竹丝鸡 1 只，鸡子 200 克，当归、淮山、枸杞各少许

调料

盐、鸡精各适量，胡椒粉少许

做法

① 将当归、淮山、枸杞、鸡子分别洗净。

② 鹿鞭用热水泡发，洗净，切段，入沸水中汆烫约 3 分钟，捞出备用。

③ 将竹丝鸡宰杀治净，入沸水中汆烫，捞出。

④ 将鹿鞭、竹丝鸡、当归、淮山放入瓦煲中，加水没过食材，大火煮开，改中火煲 1 小时，再改小火煲 1 小时。加入鸡子、枸杞，继续煲 10 分钟。放盐、鸡精、胡椒粉调味即可。

竹丝鸡炖鹿鞭

花旗参炖鸡

制作时间 15分钟　难易度 ★★

主料

鸡	半只
丹参	30 克
田七	20 克
花旗参	30 克

调料

盐	适量

要点提示

· 田七有散瘀止血、消肿镇痛之功效；丹参有活血调经、祛瘀止痛、凉血消痈、清心除烦、养血安神的功效。二者与花旗参、鸡同炖成汤，可活血化瘀、养血安神、散瘀止痛。

做法

① 将鸡洗净、斩块，入沸水中氽烫，捞出，沥干，放入炖盅内。

② 丹参、田七、花旗参分别用清水浸泡 3～5 分钟，捞出，冲洗干净，沥干水分，继续放入炖盅内。

③ 炖盅内加清水没过食材，盖上盖。

④ 蒸锅中加入适量水，放入炖盅，以大火隔水炖约 2.5 小时，转中小火炖 30 分钟。食前放盐调味即可。

土茯苓首乌炖竹丝鸡

主料

何首乌 30 克，土茯苓 15 克，竹丝鸡 500 克，猪瘦肉 80 克

调料

盐适量

做法

① 将竹丝鸡和猪瘦肉分别洗净、切块，入沸水中氽烫，捞出，用冷水冲净，沥干。

② 土茯苓去皮，略微冲洗，切成小块；何首乌略微冲洗，将其中的大块掰小。

③ 依次将何首乌、猪瘦肉块、竹丝鸡、土茯苓放入炖盅内，加水没过食材，盖上盖。

④ 蒸锅中加入适量水，放入炖盅，以高火隔水炖约 2 小时，转中火炖 30 分钟，再以小火炖 30 分钟。加盐调味即可。

猴头菇炖水鸭

主料

猴头菇 50 克，鸭 1 只

调料

姜 2 片，高汤、料酒、盐各适量

做法

① 将猴头菇洗净，泡发后撕成小朵。

② 将鸭宰杀治净，入沸水中氽烫，捞出用水冲去血沫。

③ 将猴头菇、鸭放入炖盅，倒入高汤没过食材，放入姜片，倒入料酒，盖上盖。

④ 蒸锅中加入适量水，放入炖盅，以高火隔水炖约 2.5 小时，转中小火炖 30 分钟。

⑤ 放盐调味即可。

冬虫夏草炖水鸭

制作时间
3 小时

难易度
★★

主料

鸭半只，冬虫夏草 10 克

调料

盐、鸡精、姜片各适量

做法

① 将冬虫夏草洗净，用清水浸泡 20 分钟；将水鸭宰杀治净。

② 取半只鸭剁成块。

③ 将适量水倒入锅中，放入姜片，大火烧开，下水鸭块氽烫约 5 分钟，捞出用水冲净表面。

④ 将水鸭块、冬虫夏草（连同浸泡的水）依次放入炖盅内，加水没过食材。

⑤ 蒸锅中加入适量水，放入炖盅，大火烧开，改小火继续隔水炖约 2 小时。放盐、鸡精调味即可。

要点提示

· 因为浸泡冬虫夏草的水中也有药效成分，为最大程度发挥其药效，应连同浸泡的水一起放入炖盅炖煮。

党参红枣煲鹅翅

制作时间
2.5

难易度
★★

主料

鹅翅 300 克，党参 30 克，红枣 10 克，枸杞少许

调料

盐适量

做法

① 党参用清水浸泡 3 ~ 5 分钟，捞出冲洗干净，切段，沥干水分；红枣用清水浸泡 30 分钟，捞出冲洗干净；枸杞用清水洗净。

② 鹅翅洗净，剁块，入沸水里氽烫，捞出用冷水冲净。

③ 将所有主料一起放入瓦煲中，加水没过主料，大火烧开，转小火煲 1.5 小时。

④ 食前调入盐即可。

Tips

党参是广东"清补凉"中常用的药材，配以香甜可口的红枣、鲜美嫩滑的鹅翅同煲成汤，味道鲜美，清润可口。

鲜人参川贝汁浸鹧鸪

制作时间
1.5 小时

难易度
★★

主料

主料	
鹧鸪	1 只
鲜人参	50 克
虫草花	20 克
茯苓	10 克
川贝	7 克
枸杞	5 克

调料

调料	
盐	适量

做法

① 将鹧鸪宰杀治净，放沸水里汆烫约 5 分钟，捞出冲净表面。

② 将鲜人参冲洗干净，长须切成段；虫草花、茯苓、枸杞分别洗净。

③ 将除枸杞以外的其它主料一起放入炖盅内，加水至没过主料，放入烧开的蒸锅中，蒸约 1 小时。

④ 放入枸杞，继续小火蒸约 20 分钟。放盐调味即可。

西洋参炖鹌鹑

制作时间
2.5 小时

难易度
★★

主料

主料	
花旗参	10 克
鹌鹑	2 只
猪瘦肉	150 克
虫草花	10 克

调料

调料	
盐	适量

做法

① 鹌鹑宰杀治净，剁去爪上的趾甲。

② 猪瘦肉切小块。锅中倒入适量冷水，下猪瘦肉、鹌鹑，待水沸后捞出，冲净。

③ 依次将一半的虫草花、猪瘦肉、花旗参放入炖盅，再放入鹌鹑及剩下的虫草花，加水没过食材，盖上盖。

④ 蒸锅中加入适量水，放入炖盅，以大火隔水炖约 1.5 小时，转中小火炖 20 分钟，再以小火炖 10 分钟，加盐调味即可。

要点提示

· 鹌鹑汆烫的时间不宜过长，稍微变色即可，否则会流失其本身的鲜甜味。

茵陈枯草鲫鱼汤

制作时间
5.5 小时

难易度
★★

主料

鲫鱼	400 克
夏枯草	25 克
绵茵陈	15 克
薏米	50 克
蜜枣	3 颗

调料

盐、食用油	各适量

做法

① 将夏枯草、绵茵陈分别放入清水中浸泡 10 分钟，洗净；薏米洗净，放入清水中浸泡 3 小时；蜜枣洗净，去核；鲫鱼宰杀，去鳞、内脏，用清水洗净。

② 将锅置于火上烧热，放入适量食用油，待油烧至五成热放入鲫鱼，将鱼煎至两面微黄时盛出。

③ 将所有主料一同放入砂煲中，加水没过食材约 3 厘米，大火煲 15 分钟，转小火煲 2 小时，食前加盐调味即可。

Tips

绵茵陈别名白蒿、牛至，嫩茎叶可供食用。清明时节，将刚长出嫩芽的绵茵陈采集回家，清洗干净，或入汤，或做包子馅，或清拌豆腐……新鲜爽口又开胃，还能防病治病。

粉葛生鱼猪骨汤

制作时间 2.5 小时　难易度 ★★

主料

粉葛	400 克
猪骨	300 克
生鱼	200 克
胡萝卜	100 克
红枣	2 颗

调料

盐、食用油	各适量

做法

① 粉葛洗净，去皮，切块。胡萝卜洗净，去皮，切滚刀块；生鱼宰杀，去鳞、内脏，洗净，切块；红枣洗净。

② 猪骨冲洗干净，斩块，放入锅中，加冷水煮沸，捞出沥干。

③ 将锅置于火上烧热，放入适量的食用油，待油烧至五成热时放入生鱼，煎好一面再煎另一面，将鱼煎至两面微黄时盛起。

④ 将所有主料一同放入砂煲中，加清水没过食材约 3 厘米，大火煲开，转小火煲 2 小时。食前加盐调味即可。

上汤节瓜花甲王

制作时间
1.5 小时

难易度
★

主料

节瓜	150 克
大花甲	300 克
芹菜	30 克

调料

姜	8 克
盐	5 克
上汤	800 毫升

做法

① 大花甲放盐水中浸泡 1 小时，捞出放入沸水中，大火煮至花甲开口，快速捞出，洗净。

② 节瓜削皮，洗净，切长条；芹菜去叶，洗净，切段；姜削去皮，切成菱形片。

③ 上汤倒入砂锅中，放入大花甲、姜片、节瓜条和芹菜段，大火烧开，转小火慢炖 10 分钟，下盐调味即可。

要点提示

· 将花甲放入盐水中浸泡，或者滴入香油，可促使花甲快速吐净泥沙。

海底椰炖响螺

主料

响螺片	100 克
海底椰	20 克
鸡肉	100 克
杏仁	10 克
蜜枣	3 颗

调料

盐	5 克

做法

① 将响螺片放入清水中浸泡 3 小时，洗净，切块。

② 海底椰用温水泡 30 分钟，洗净，切片，放入锅中氽烫 2 分钟后捞出；杏仁、蜜枣用冷水略泡后洗净。将鸡肉洗净，切块，入沸水里氽烫，捞出冲净。

③ 将所有主料一同放入炖盅中，加水没过主料，入蒸锅中隔水炖 4 小时，食前放盐调味即可。

要点提示

· 新鲜的海底椰有清新的香味，外皮紧紧粘着白色透明的果肉，肉质颜色透明度高的较好。

桂香红枣炖花胶

制作时间
23 小时

难易度
★★

主料

干花胶、桂花	各 10 克
红枣	20 克

调料

姜	3 片
葱段	少许
盐	适量

做法

① 将红枣洗净去核，备好所有食材。

② 花胶放入干净的盆中用冷水浸泡一夜，取出洗净，放入一个干净无油的煮锅中，加入开水，加盖，小火煮约 8 小时，取出用冷水冲洗。

③ 锅中加适量水，放入姜片、葱段，大火烧开，放入花胶汆烫约 1 分钟，捞出用冷水冲洗。

④ 将花胶切段，和干桂花、红枣一起放入炖盅内，加水没过食材，盖上盖。

⑤ 蒸锅中加入适量水，放入炖盅，以大火隔水炖约 1.5 小时，改中小火炖 30 分钟。

⑥ 食前加盐调味即可。

第三章

碗碗生香——营养广式粥

　　广东人出了名的爱喝粥，无论早餐还是夜宵，都离不开一碗香滑软糯的粥。广东粥品种之多让人眼花缭乱，猪肝粥、鱼片粥、艇仔粥、及第粥……许多好粥就出在这里。

1 粥为世间第一补人之物

粥营养丰富，被古人誉为"神仙粥"和"天下第一补人之物"，并有"春粥养颜、夏粥清火、秋粥滋补、冬粥暖胃"之说，可见粥是一年四季都适宜的营养食物。

粥在 4000 年前主要为食用，2500 年前始作药用。《史记》扁鹊仓公列传载，西汉名医淳于意（仓公）用"火齐粥"治齐王病；汉代医圣张仲景《伤寒论》述"桂枝汤，服已须臾，啜热稀粥一升余，以助药力"；张耒《粥记》对粥的养生功效说得非常明白："每晨起食粥一碗，空腹胃虚，谷气便作，所补不细，又极柔腻，与肠胃相得，最为饮食之妙诀。"

粥的主要原料是粮食，熬绵的粥口感好，容易消化，老少咸宜。粥花样繁多、无所不包，可以添加各种具有营养价值或对疾病有疗效的配料一起煮熬。如莲子、扁豆、红枣、薏米、百合、茯苓、核桃等，或辅以火腿、羊肉、牛肉、鱼肉、鸡肉、鸡蛋等。东北的玉米粥，北京的豌豆粥，云南的紫米薏米粥，苏州的乌酥豆糖粥，福州的八宝粥，广东的鱼片粥、皮蛋粥、艇仔粥……这些粥不仅营养丰富，味道鲜美，而且具滋补养身之功效。

在烹调方式上，一般将粥分为普通粥和花色粥两大类。其中，普通粥是指单用米或面煮成的粥，花色粥则是在普通粥用料的基础上，再加入各种不同的配料，制成的粥品种繁多，咸、甜口味均有，丰富多彩。

广式靓粥，岭南好味道

广式粥样式多，以所用主料而得名的常见粥品有明火白粥、鱼片粥、水蛇粥、皮蛋瘦肉粥、猪肝粥等；以粥的出处而命名的常见粥有及第粥、艇仔粥等；以做法来分，最具特色的当属老火粥、生滚粥、潮汕"糜"。

生滚粥

生滚粥是广式粥的另一类别，是广州（包括广州附近的市镇）独有的。"生滚"是粤语词汇，"生"字好解，"滚"在粤语里头词义很多，一般是指一种与沸腾有关的状态或动作，比如说"水滚"即水开了，"滚水"即开水。

生滚粥即把食材放在沸腾的白粥里头烫煮片刻，食材一熟就可关火。生滚粥的妙处在于保存了食材原来的鲜美度，又不会破坏其营养成分，粥底绵滑有味，非常鲜香美味。比较常见的生滚粥有牛肉粥、肉片粥、鱼片粥、滑鸡粥、田鸡粥等。

老火粥

老火粥指煲粥时把米和各种食材一同放入水中煮1~2个小时，因为煲煮的时间长，故称老火粥。这种粥米粒完全煮烂了，粥变得绵滑，食材已经熟透且浓郁的味道已经渗入到粥里面，粥随食材而生味，同样食材也由粥而助味。

煮老火粥选用的主料一定要有浓厚的味道，并且经得起长时间的煲煮，如腊鸭、陈肾、牛肚、猪骨等。老火粥品种繁多，如菜干猪骨粥、西洋菜陈肾粥、瑶柱白果粥……都是广东很受欢迎的粥品。

潮汕粥

潮汕粥讲究快火猛煮，在米粒开花爆破时就关火，让余温将粥熟成，整煲粥粥水香滑、米粒饱满成形，水少米多。这样煮制的粥，实际上是较稠的稀饭，潮语称为"糜"。

潮汕粥有白粥和咸粥之分。白粥全程用大火煲煮，再加入一些咸菜和萝卜粒。咸粥又细分为潮汕泡粥和潮汕砂锅粥两种。泡粥是用白饭来煮泡，通常用料在两种以上，如蚝仔肉碎粥、鲍鱼肉碎粥。潮汕砂锅粥是用专用的砂锅，生米明火煲粥，待粥七分熟的时候，放河海鲜、禽类、蛇、

蛙、龟等煲煮而成，经典的粥品有砂锅生鱼粥、砂锅海虾粥、砂锅膏蟹粥等。

花生粥

制作时间
1 小时

难易度
★

主料

花生仁	30 克
大米	100 克

调料

白糖	少许

做法

① 花生仁用水略冲洗；大米淘洗干净。

② 大米放入锅内，加花生仁、清水及泡花生的水，大火煮开后转用小火，煮至米粒开花、花生熟烂。

③ 加白糖调味即可。

Tips　　花生被古人誉为"长生果"，作为一种平民补品，常被用来煲汤、煮粥。花生粥用料做法简单，可当早餐吃，也可长期食用。

主料

大米	100 克
牛奶	500 毫升

调料

白糖	适量

做法

① 大米淘洗干净，放入清水中浸泡 30 分钟，捞起。

② 锅中注入适量清水烧沸，放入大米，大火煮沸，转小火熬煮 30 分钟左右。

③ 待米粒涨开时，倒入牛奶搅匀，继续用小火熬煮 10 ~ 20 分钟。

④ 加白糖拌匀即可。

牛奶粥

红豆薏米双麦粥

主料

红豆、薏米、荞麦、燕麦	各 40 克

调料

冰糖	30 克

做法

① 红豆、薏米、荞麦、燕麦淘洗干净，用清水浸泡一晚，捞出。

② 将泡好的红豆、薏米、荞麦、燕麦放入砂锅中，加 1500 毫升水，大火烧开，关火闷 30 分钟。

③ 开火，再次煮沸，用勺子搅拌以防煳底。

④ 放入冰糖，转中小火再煮 30 分钟即可。

桂圆莲子粥

制作时间
16 小时

难易度
★ ★

主料

糯米	60 克
桂圆肉	10 克
莲子	20 克
枸杞	6 克

调料

白糖	适量

做法

① 糯米淘洗干净，放入清水中浸泡一晚，捞出。

② 桂圆肉、枸杞冲洗干净；莲子洗净，用水浸泡 3 小时左右，去莲子心。

③ 锅中注入足量清水大火烧沸，放入糯米和莲子，转小火煮 40 分钟，放入桂圆肉继续煮 20 分钟。

④ 下入枸杞稍煮。

⑤ 加冰糖拌匀即可。

Tips

桂圆莲子粥是广东人喜爱的一款粥品。粥中桂圆果肉甘甜鲜美，莲子粉糯软滑，枸杞清甜可口，白粥亦是清香甘甜、软糯绵滑，非常适宜女性食用。

粉肠粥

制作时间 40分钟　　难易度 ★

主料

粉肠	100 克
大米	100 克

调料

盐、鸡精、姜丝、葱花各适量

做法

① 粉肠洗净，放入沸水中汆烫 1 分钟。

② 捞出，切小段；大米淘洗干净。

③ 砂锅中注入适量的清水，加入大米煲滚。将粉肠下入锅中煮 20 分钟。

④ 加盐、鸡精、姜丝，关火，闷 1 ~ 2 分钟，撒上葱花即可。

要点提示

· 如果喜欢吃软绵一点的粉肠，可以煮的时间相对长些；如果喜欢爽口的粉肠，那就等白粥快好的时候，放进去闷 1 ~ 2 分钟。

叉烧粥

制作时间 1 小时　　难易度 ★

主料

大米 100 克，叉烧肉 100 克

调料

盐 5 克，葱花少许

做法

① 大米淘洗干净。

② 叉烧肉切成丁。

③ 砂锅中注入适量的清水，加入大米煲滚。改用小火熬煮 30 分钟左右，至米粒开花、汤汁变稠。

④ 下叉烧肉拌匀，再加盖焖煮 10 分钟。

⑤ 加盐调味，撒上葱花即可。

Tips

制作这道粥时，将切好的叉烧肉放入煮好的白粥中，稍煮即可。叉烧肉入口有嚼劲，瞬间又有丝丝甜味，白粥也是清甜甘香，软糯爽滑。

皮蛋瘦肉粥

制作时间
1.5 小时

难易度
★★

主料

糯猪瘦肉 90 克，皮蛋 2 个，
粳米 150 克

调料

盐 7 克，鸡精 3 克，香油 5
毫升，料酒、生粉各适量，
香菜碎少许

做法

① 粳米洗净，用清水浸泡 30 分钟。

② 猪瘦肉洗净，切成薄片，加入少许盐、鸡精、少许料酒、
生粉抓匀，腌制 10 分钟。

③ 皮蛋去壳，切成粒；香菜切成末。

④ 砂锅中倒入适量清水，大火烧开，加入粳米，继续烧开，
改小火煲 45 分钟，放入肉片。

⑤ 将皮蛋放入锅中，加盐、鸡精搅匀，大火煮 1~2 分钟。

⑥ 加入香菜碎，滴入香油即可。

Tips

皮蛋瘦肉粥是一道很家常的粥，它质地黏
稠、口感顺滑又好消化，颇受人们的喜爱。

咸猪骨菜干粥

制作时间
10 小时

难易度
★★

主料

猪脊骨	300 克
白菜干	50 克
大米	250 克

调料

盐	10 克
食用油	10 毫升

做法

① 猪骨用清水冲洗干净，沥干水分，放入盐拌匀，腌制 6 小时，入沸水中汆烫，沥干。

② 白菜干用清水浸泡 1 小时，洗净沙粒，切段；大米淘洗干净，加食用油拌匀，腌制 30 分钟。

③ 砂锅内放适量水烧沸后，放入腌过的大米和猪骨煲 30 分钟。

④ 放入切好的菜干段，待再次煮滚后转小火煲 1.5 小时。

要点提示

· 因猪骨腌后有点咸，煮粥时不应该再加盐，等吃时试过味，再酌量放盐。

大骨砂锅粥

制作时间
14 小时

难易度
★★

主料

大米	300 克
猪大骨	400 克

调料

盐	5 克
葱花、姜丝	各少许

做法

① 大米淘净，放水中浸泡一晚，捞出，用一半的盐腌渍约 1 小时。猪骨洗净，剁成小段。

② 猪骨块放沸水里氽烫约 3 分钟，捞出用水冲洗干净。

③ 将浸泡大米的水倒入砂锅，再加适量水，大火烧沸，放入大米、猪骨、姜丝，继续烧沸，改小火煲至粥底黏稠、大骨上的肉软烂时关火。

④ 放入剩余的盐调味，撒上葱花即可。

要点提示

· 冲洗氽烫好的猪骨时，水要开得小一些，以免水流太大冲掉骨髓。

生滚牛肉粥

制作时间
14 小时

难易度
★★

主料

大米 100 克，牛肉 250 克

调料

姜丝 5 克，食用油 5 毫升，生抽 10 毫升，白胡椒粉 3 克，生粉 3 克

做法

① 大米淘洗干净，加水浸泡一晚，捞出，拌入适量盐，腌渍 1 小时。牛肉洗净，沿着横纹切成薄片。

② 牛肉中加生抽、食用油、生粉，用手抓匀，再放入姜丝抓匀，腌渍 15 分钟。

③ 将浸泡大米的水倒入锅中，再加适量水，大火烧沸，放入腌渍好的大米煮开，改小火煮至黏稠。将牛肉片一片片放入锅中，迅速搅散。

④ 放入白胡椒粉，改大火煮至牛肉片变色时关火。

要点提示

· 煲开水后再放入大米就不易粘底。如果所有牛肉一下放入，很可能会出现受热不均的情况。

牛肉滑蛋粥

制作时间 14 小时　难易度 ★★

主料

大米 130 克，牛里脊肉 250 克，鸡蛋 1 个

调料

盐、胡椒粉、生粉、料酒、香油、姜丝各适量

做法

① 将大米淘洗干净，放水中浸泡一晚，捞出，拌入适量盐，腌渍约 1 小时。牛里脊肉洗净，切薄片，依次拌入盐、料酒、生粉、香油，用手抓匀，腌渍约 30 分钟。

② 将浸泡大米的水倒入砂锅，再加适量水，大火烧沸，放入腌渍好的大米，继续烧沸。

③ 放入腌渍好的牛肉片，改小火煲至粥底黏稠，牛肉片软烂。

④ 将姜丝、胡椒粉放入砂锅中，拌匀调味，打入整个鸡蛋后立刻关火。

要点提示

· 做这道粥关键有两点：一是牛肉一定要选牛背部的里脊肉，因为这里的肉最为滑嫩，口感较佳；二是鸡蛋打入锅里后一定不要搅动，以免鸡蛋碎烂在粥底里。

家鸡粥

主料

家鸡肉	300 克
大米	150 克
胡萝卜、生菜	各适量

调料

| 姜、葱、盐、料酒、香油、食用油 | 各适量 |

做法

① 鸡肉洗净后斩小块，入沸水中氽烫；姜去皮，切片；胡萝卜、生菜洗净，切丝；葱洗净，切成葱花；大米淘净，加入盐、食用油腌 10 分钟。

② 鸡肉捞出沥水后放盐、姜片、料酒、香油拌匀，腌 20 分钟。

③ 砂锅内加入清水，大火烧沸后放入大米煮滚。放入腌好的鸡块煮滚后，转小火煲 1 小时。

④ 撒上胡萝卜丝、生菜丝。

⑤ 撒葱花，加盐调味即可。

要点提示

·腌鸡肉和腌米时都已经放过盐了，所以粥好了后要先尝一下是否够味，再酌量放盐。

鱼蓉粥

制作时间
1.5 小时

难易度
★ ★

主料

大米	120 克
鲩鱼肉	80 克

调料

盐、香油、花生油	各适量

做法

① 大米淘净，用清水泡 30 分钟，捞出，加少许花生油、盐拌匀。

② 鱼肉洗净，加入适量盐腌 20 分钟。平底锅中倒入少许花生油，放入腌好的鱼肉，小火煎至两面金黄色。

③ 盛出，待凉后剔除刺，将鱼肉拆成丝。

④ 砂锅中倒入泡米水，再加适量清水，放入大米，大火煮滚，转小火熬煮成稠粥。

⑤ 将鱼肉丝下入砂锅中，拌匀，小火熬煮 15 分钟。

⑥ 滴上香油即可。

要点提示

· 最好选鲩鱼鱼背那部分的鱼肉，煲出来的粥更为鲜甜。

砂锅鱼片粥

制作时间
14 小时

难易度
★★

主料

鲩鱼肉	100 克
鸡肉	50 克
大米	150 克

调料

生抽、料酒、香油	各适量
盐、葱花、姜丝	各少许

做法

① 大米淘洗干净，放水中浸泡一晚，捞出，拌入适量盐腌渍约 1 小时。

② 鲩鱼肉洗净，片成薄片；鸡肉洗净，切小块。

③ 将鱼片和鸡肉块分别放入碗中，拌入生抽、料酒、姜丝，抓匀后腌渍约 15 分钟。

④ 将浸泡大米的水倒入砂锅，加适量水，大火烧沸，放入大米，继续煮开，改用小火煮至黏稠。

⑤ 将鸡块放入，煲 25 分钟。

⑥ 将鱼片放入，迅速拨开，转大火煮至鱼片变色时关火。

⑦ 撒上葱花，淋入香油即可。

生滚桂花鱼片粥

制作时间
14 小时

难易度
★★

主料

大米	100 克
桂花鱼	1 条

调料

盐	5 克
姜丝	3 克
料酒、香油	各适量

做法

① 大米淘洗干净，放水中浸泡一晚，捞出，拌入 1/3 量的盐，腌渍约 1 小时。

② 桂花鱼宰杀治净，取约 100 克鱼肉片成薄片，拌入 1/3 量的盐、料酒和姜丝，腌渍约 15 分钟。

③ 将浸泡大米的水倒入砂锅中，再加适量水，大火烧沸，放入浸泡好的大米，煮开后改小火继续煮至黏稠。

④ 平转大火，放入腌渍好的鱼片，迅速打散，待鱼肉变色后马上关火。

⑤ 加入剩余的盐，淋上香油即可。

五彩虾仁粥

制作时间 2 小时　难易度 ★★★

主料

干香菇 30 克，胡萝卜、青豆、玉米粒各 50 克，鲜虾、大米各 150 克

调料

盐、胡椒粉、料酒、生粉各适量

要点提示

· 水发香菇要挤干水才可下锅，否则口感会发涩。

做法

① 干香菇泡软，切丁；胡萝卜洗净，切丁。

② 鲜虾剥取虾仁，挑去泥肠，洗净，沥干水，放入碗中，加料酒、胡椒粉、盐、生粉搅匀，腌 20 分钟。

③ 大米淘洗干净，放入砂锅中，加适量清水，大火烧沸，加入挤干水分的香菇丁、胡萝卜丁、青豆、玉米粒，转小火煮 1 小时。

④ 放入虾仁，煮至变色、熟透，加盐、胡椒粉调味即可。

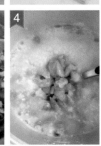

主料

大米 150 克，膏蟹 1 只

调料

盐 5 克，鸡精 3 克，胡椒粉 2 克，香油 5 毫升，芹菜叶少许

做法

① 膏蟹洗净，去除胃、鳃，斩成块。
② 大米淘洗干净，放入汤煲中，注入适量的清水，大火烧沸，转小火熬煮成稠粥。
③ 将膏蟹块下入煲中，小火煮约 40 分钟。
④ 加盐、鸡精、胡椒粉、香油调味，撒上芹菜叶即可。

膏蟹粥

主料

花甲 100 克，枸杞 15 克，大米 150 克

调料

姜丝 3 克，盐、香菜、食用油各适量

做法

① 将吐尽泥沙的花甲倒入沸水中烫至开壳，快速捞起，用清水冲洗干净。
② 枸杞洗净；香菜冲洗干净，切碎。
③ 大米洗净，加少许盐，用清水、食用油浸泡 30 分钟。
④ 砂锅中注入足量清水，大火烧沸，放入大米煮滚，加入枸杞，转小火煲至米汤浓稠，加入花甲、姜丝，继续煲 10 分钟。
⑤ 加盐调味，撒上香菜即可。

花甲粥

芋头干贝粥

制作时间 3 小时　　难易度 ★★

主料

芋头、大米	各 150 克
干贝	50 克
芹菜粒	少许

调料

盐、鸡精	各适量

做法

① 大米淘洗干净，放入清水中浸泡 30 分钟，捞出。芋头洗净，削皮，切小块。

② 干贝洗净，放到小碗里，加水将干贝完全浸泡，盖上保鲜膜放在火上蒸 1 个小时。

③ 捞出干贝撕成丝，汤汁留用。

④ 砂锅中放入干贝汤汁、泡米水，再加适量清水烧沸，放入大米，大火煮开，转小火熬煮 30 分钟。放入芋头继续煮 30 分。

⑤ 放入干贝继续煮 15 分钟。

⑥ 加盐、鸡精调味，撒上芹菜粒即可。

茶树菇鱿鱼粥

主料

干鱿鱼	1 条
茶树菇	30 克
大米	100 克

调料

盐、鸡精、胡椒粉、姜丝、香油、香菜碎　各适量

做法

① 干鱿鱼浸泡 1 ~ 2 个小时。捞出，撕下头足部分和外膜，挑出软骨，洗净。

② 大米淘洗干净，放入砂锅中，用清水浸泡 30 分钟。茶树菇泡发，切段。

③ 将鱿鱼切成丝。

④ 将大米、茶树菇、鱿鱼丝、姜丝及泡米水一同放入砂锅中，大火煲开，转小火煲 40 分钟。加盐、鸡精、胡椒粉调味，滴上香油，撒上香菜碎即可。

虾干鱿鱼香菇粥

制作时间
2 小时

难易度
★★

主料

干鱿鱼、干香菇、干虾各	50 克
大米	100 克

调料

盐、食用油、葱花	各适量
鸡高汤	200 毫升

做法

① 干鱿鱼泡发好，捞出，撕下头足部分和外膜，挑出软骨，洗净，切成丝。

② 干虾用水浸泡 1 小时，剥掉外壳；干香菇泡发后切丝。

③ 炒锅中倒入少许食用油，烧热，下香菇丝爆香，下干虾、鱿鱼丝炒香，盛出。

④ 大米洗净，放入砂锅中，加适量水，大火煮开，转中小火煮至米粒刚刚开花。将炒好的鱿鱼丝、干虾、香菇丝倒入粥中，加入鸡高汤，拌匀，继续煲煮 30 分钟。

⑤ 加盐调味，撒上葱花即可。

要点提示

· 鱿鱼丝和干虾都有一定的盐分，所以应先尝尝咸淡，再根据自己的口味加适量盐。

主料

大米 150 克，珍珠蚝 250 克，五花肉 100 克，冬菜、芹菜各少许

调料

盐 5 克，花生油少许，姜丝 8 克

做法

① 珍珠蚝洗净去壳，沥干；五花肉洗净，剁成粒状；冬菜洗净，切碎；芹菜洗净，切粒。

② 大米洗净，用清水浸泡 30 分钟。捞出，加入花生油，与米拌匀。

③ 将浸泡大米的水倒入砂锅，再加适量水，大火煮滚后转中火，不断搅拌，防止粘锅。

④ 煮至米粒刚刚爆开，将蚝肉、五花肉粒、冬菜碎、姜丝放入砂锅，转大火再煮 5 分钟。加盐、芹菜粒调味即可。

珍珠蚝仔粥

主料

鲍鱼 150 克，大米 100 克

调料

香油、白胡椒粉、芹菜末、盐各适量

做法

① 鲍鱼用 1：20 比例的盐水浸泡约 15 分钟，再以盐水略微冲洗，放入滚水中浸泡 20 ~ 30 秒，立刻捞出，用清水略洗后，剥去外壳、内脏。鲍鱼肉切十字花刀，鲍鱼壳内外刷洗干净，备用。

② 大米淘洗干净，用水浸泡 30 分钟。

③ 砂锅中倒入适量水烧沸，下大米、鲍鱼壳，大火煮开后，转小火煲煮成稠粥。

④ 放入鲍鱼肉，再煲 15 分钟，下盐、白胡椒粉、芹菜末调味，滴上香油即可。

鲍鱼粥

黄金小米海参粥

制作时间
1 小时

难易度
★★

主料

小米 50 克, 海参 100 克, 枸杞、高汤各适量

调料

盐、白胡椒粉、姜丝、葱花各适量

做法

① 小米淘洗干净, 在清水中浸泡 30 分钟。

② 海参用温水泡发, 去内肠, 洗净, 切成小块。

③ 枸杞洗净。

④ 锅中放入足量的水, 煮沸之后放入小米, 煮 2 ~ 3 分钟, 用漏勺捞出小米。将小米重新入锅, 加入高汤煮至熟烂。

⑤ 放入海参、姜丝、枸杞, 再次煮开后继续煮约 5 分钟, 加盐、白胡椒粉调味, 撒上葱花即可。

要点提示

· 小米煮过后滤一遍是为了让汤更清爽, 再加高汤来煮, 小米粒粒分明, 能充分吸收高汤的鲜美。

核桃银耳紫薯粥

制作时间
1.5 小时

难易度
★★

主料

大米 100 克，核桃仁 20 克，银耳 15 克，紫薯 150 克

调料

蜂蜜适量

做法

① 大米淘洗干净，放入水中浸泡 30 分钟；核桃仁掰碎；银耳用温水泡发，去蒂，撕成小块。

② 紫薯去皮，洗净，切小块。锅中注入足量的清水烧沸，放入大米，大火煮开。

③ 放入紫薯，再次煮开。放入银耳，以小火煮约 40 分钟。

④ 待煮至米粒开花，放入核桃碎拌匀，关火。

⑤ 加入蜂蜜调味即可。

要点提示

· 粥放凉至 60℃以下，再调入蜂蜜，以免破坏其营养。

莲子粥

主料

莲子、粳米	各 100 克
鲜百合	80 克

调料

白糖	适量

做法

① 鲜百合冲洗干净，切去两头，逐瓣掰开，放入开水中略余后捞出，用清水浸泡 1 小时。

② 莲子去皮去心，用清水浸泡 1 小时。粳米淘洗干净，放入清水中浸泡 30 分钟，捞出。

③ 砂锅中倒入泡米水，再加适量清水，大火煮沸，加入莲子、粳米，大火煮开，转小火煮至米粒开花。

④ 加入百合、白糖，继续煮成稠粥。

何首乌粥

主料

何首乌	50 克
大米	150 克

调料

冰糖	适量

做法

① 何首乌用水略冲洗，放入砂锅，加适量水，煎取药汁；大米淘洗干净。

② 砂锅中注入适量的清水烧沸，放入大米、何首乌汁，烧沸后转小火熬煮成稠粥。

③ 加冰糖调味即可。

主料

大米	150 克
枸杞、芦荟	各 15 克
绿豆、玉米粒	各 25 克

调料

白糖	适量

做法

① 大米淘洗干净；枸杞、绿豆、玉米粒分别洗净；芦荟洗净，去皮，切成约 2 厘米大小的块。

② 砂锅中倒入适量清水，大火烧沸后放入所有主料，大火煮滚，转小火煲成稠粥。

③ 加入白糖调味即可。

芦荟粥

主料

干龙眼、糯米	各 100 克

调料

白糖	少许

做法

① 干龙眼去壳，去核，冲洗干净，切成小块；糯米淘洗干净。

② 砂锅中注入足量的水烧沸，放入糯米，大火煮开，转小火煮至粥八分熟。

③ 放入龙眼肉，煮至粥熟。

④ 加白糖调味即可。

龙眼粥

麦冬竹叶粥

制作时间
20 分钟

难易度
★★

主料

麦冬	30 克
炙甘草	10 克
竹叶	15 克
红枣	6 颗
粳米	100 克

Tips

夏季来一碗麦冬竹叶粥，丝丝竹香沁人心脾，顿觉神清气爽，食欲大开，着实为消暑降温的佳品。

做法

① 粳米淘洗干净；红枣洗净后去核。

② 将麦冬、炙甘草、竹叶分别洗净放入锅中，加适量水，大火烧沸。

③ 改小火熬约 20 分钟，滤渣取药汁。

④ 将药汁倒入锅中，加适量水，大火烧沸，放入粳米、红枣，继续烧沸，改小火熬至米粒开花即可。其间每隔 5 分钟拿勺子沿着同一方向搅动，防止粥煳底。

主料

大米	150 克
薄荷叶	100 克

调料

冰糖	适量

做法

① 大米淘净；薄荷叶用清水冲洗干净。

② 锅中加适量水，大火煮开，放入薄荷，煮
2～3分钟关火，滤渣取汁。

③ 锅内放入清水，大火烧沸，放入大米煮开，
转小火熬成黏稠状。

④ 倒入熬好的薄荷汤汁，加入冰糖，再次煮
滚即可。

薄荷粥

主料

鲜百合、大米	各 100 克

调料

冰糖	适量

做法

① 百合冲洗干净，切去两头，逐瓣掰开，入
开水中略氽后捞出，再用清水浸泡。

② 大米淘洗干净，用冷水浸泡30分钟，捞出。

③ 砂锅中倒入泡米水，再加适量冷水，大火
烧沸，放入大米、百合，转小火熬煮至米
粒开花。

④ 加冰糖调匀，煮至冰糖溶化即可。

百合粥

雪梨润肺粥

做法

① 雪梨洗净，削皮，剔去梨核，切成小块。

② 大米淘洗干净，放入清水中浸泡 30 分钟，捞出。

③ 锅中倒入泡米水，加适量清水，放入雪梨，大火煮约 30 分钟，滤去梨渣，留取汤汁。

④ 在梨汤中加入大米煮沸，转小火继续煮 1 小时。

⑤ 放入冰糖煮 5 分钟即可。

桑叶葛根枇杷粥

做法

① 将桑叶、葛根、枇杷叶、薄荷分别洗净切碎，加适量水煎汁，滤渣取汁。

② 大米淘洗干净，放入清水中浸泡 30 分钟，捞出。

③ 将浸泡大米的水倒入砂锅，再加适量水，大火烧沸，放入大米煮开，转小火煮至粥稠。

④ 加入煎好的汁液，煮 15 分钟即成。

四果粥

制作时间 1.5 小时　难易度 ★★

主料

玉米粒	30 克
花生仁	30 克
葡萄干	30 克
核桃仁	30 克
大米	适量

调料

冰糖	适量

做法

① 大米淘洗干净；玉米粒、花生仁、葡萄干、核桃仁分别冲洗干净，用清水浸软，备用。

② 砂锅中加入适量清水，放入所有主料。

③ 大火煮滚，转小火煮 1 小时。

④ 放冰糖搅匀即可。

Tips

四果粥中，玉米清甜甘冽，花生香甜脆嫩，葡萄干清香甘甜，核桃仁鲜香酥脆，都充分地融入在糯滑软绵的白粥中，粥色泽晶莹剔透，入口香甜滑润。

山楂蜂蜜粥

主料

山楂	30 克
大米	适量

调料

蜂蜜	适量

做法

① 山楂洗净，去籽，切片；大米淘洗干净。

② 将大米放入砂锅，加入适量清水，大火烧沸，加入山楂片，转小火。

③ 待煮成稠粥，离火。

④ 待粥晾至八成热时，放入蜂蜜拌匀即可。

紫米红枣粥

主料

紫米	50 克
粳米	100 克
红枣	适量

调料

冰糖	适量

做法

① 紫米、粳米淘洗干净，紫米用冷水浸泡 2 小时，粳米浸泡 30 分钟。

② 红枣洗净，去核，浸泡 20 分钟。

③ 将所有主料连同浸泡的水倒入砂锅，再加适量清水，旺火煮沸，转小火熬 45 分钟。

④ 加入冰糖搅拌，煮 2 分钟，至冰糖溶化即可。

山药绿豆粥

制作时间 1.5 小时　难易度 ★★

主料

山药	150 克
绿豆	30 克
大米	100 克

做法

① 山药洗净，刮去外皮。

② 山药切小块；绿豆洗净，温水浸泡片刻；大米淘洗干净，放入清水中浸泡 30 分钟。

③ 将大米、绿豆连同浸泡的水一并倒入砂锅，再加适量水熬至米粒、绿豆开花。放入山药块，继续煨煮 20 分钟即可。

要点提示

· 熬绿豆忌用铁锅，因为绿豆中含有单宁，在高温条件下遇铁会生成黑色的单宁铁，食用后对人体有害。

双豆银耳大枣粥

制作时间
14 小时

难易度
★★

主料

大米 100 克，红豆、绿豆各50 克，薏米 30 克，小米、银耳各 20 克，蜜枣、红枣、枸杞、白果各 10 克

调料

蜂蜜适量

做法

① 红豆、绿豆、薏米淘净，用清水浸泡一晚；大米淘洗干净，用清水浸泡 30 分钟；银耳用温水泡发，去蒂并撕成小块。

② 小米淘洗干净；蜜枣、枸杞洗净；红枣用水冲净，切片；白果洗净，去壳、心。

③ 砂锅中注入足量的清水烧沸，放入大米、薏米、小米、红豆、绿豆、白果，大火煮开，转小火煮 30 分钟。

④ 放入银耳、蜜枣、红枣煮 20 分钟。

⑤ 煮至米粒开花，放入枸杞稍煮。

⑥ 放凉后调入蜂蜜即可。

冬菇木耳瘦肉粥

制作时间
45 分钟

难易度
★★

主料

猪瘦肉、大米各 60 克，冬菇、
黑木耳各 15 克

调料

盐、香菜碎各适量

做法

① 冬菇、黑木耳用清水浸软，洗净，切丝。

② 猪瘦肉洗净，切丝，大米淘洗干净。

③ 将冬菇、黑木耳、大米一并放入锅内，加适量清水，大火
煮沸，转小火煮至黏稠。加入猪瘦肉煮 5～6 分钟，加盐
调味，撒上香菜碎即可。

Tips

黑木耳是著名的山珍，可食、可药、可补，
不仅有"素中之荤"的美誉，还被世界公认为
"中餐中的黑色瑰宝"。软糯香甜的粥中混合
着鲜美的冬菇、嫩滑的猪肉、爽脆弹牙的黑木
耳，口感十分丰富。

羊肉粥

制作时间 1 小时　　难易度 ★★

主料

羊瘦肉	80 克
枸杞	30 克
大米	120 克

调料

盐、鸡精、胡椒粉、葱花各适量

做法

① 羊肉洗净，切丁，入沸水中余烫去血水，用冷水漂洗干净。

② 枸杞洗净，沥干。

③ 大米淘洗干净，与羊肉、枸杞一并放入砂锅，加入 1000 毫升清水。先用大火煮滚，转小火煮 30 分钟，至米粒开花。

④ 加盐、鸡精、胡椒粉调味，撒上葱花即可。

Tips　　羊肉和枸杞一同煲粥，堪称绝配。整煲粥中羊肉的鲜香、枸杞的清甜完美融合在一起，清淡而不平淡，鲜香而不滞腻。

柴鱼花生粥

制作时间
15 小时

难易度
★★

主料

粳米	150 克
花生仁	30 克
柴鱼干	1 条

调料

姜、葱、花生油、盐各适量

做法

① 花生仁用清水浸泡一晚，换 3 ~ 5 次清水，沥干水分。

② 姜洗净去皮，切成姜丝；葱洗净，切成葱花。

③ 柴鱼干洗净，放入清水中浸泡 1 小时，用剪刀剪成拇指般大的小块。粳米淘洗干净，加入盐、花生油拌匀，静置30 分钟。

④ 锅中加入 1500 毫升清水，大火烧沸，放入粳米、柴鱼、花生仁、姜丝，再用大火煮沸后转为小火煮 90 分钟。

⑤ 其间用勺子搅拌数次，煮至米熟透、粥水黏稠，加适量盐调味，撒上葱花即可。

仙人粥

制作时间
15分钟

难易度
★★

主料

制首乌	50 克
红枣	50 克
大米	120 克

调料

红糖	适量

做法

① 制首乌用水冲洗后，放入砂锅，加适量水煎煮，去渣取汁，待用。

② 大米淘净，用清水浸泡10分钟；红枣冲洗干净。

③ 砂锅内加入大米、红枣、首乌汁和适量的水，大火煮开，转小火熬成粥。

④ 加入适量红糖，再煮沸一次即可。

Tips　　仙人粥首载于明代著名养生家高濂所著《遵生八笺》中，因何首乌能延年益寿、补血乌发、使人容光焕发，久服可"成仙"之故而得名。最长寿的皇帝乾隆到了老年后，非常喜欢这款粥品，时常服用，故后世人又将此粥称为"宫廷仙人粥"。

第四章

一盅两件——地道广式茶点

　　在广州，人们将"饮早茶"称为"叹早茶"。"一盅两件慢慢叹"是当地人最真实的生活写照。"叹"在广州话中是"享受"的意思，包含有享受茶香、享受美食的意蕴，也包含了人们在享用时，沉淀心灵、品味生活的缓慢过程……

1 广东饮茶文化探源

早茶是广东饮食文化中浓墨重彩的一笔。每天早晨或者周末假日，人们便扶老携幼，或约上三五知己，齐聚茶楼"叹早茶"。饮杯香茶，唤起食欲，再品尝各式美味点心，让人一饱口福的同时，也满足了视觉上的享受。

广东人嗜好饮茶，有"三茶两饭"的说法。早、中、夜三茶市之中，尤以早茶为最盛。老一辈的广府人，往往早晨五六点的光景，便提着鸟笼，优哉游哉地向茶楼踱去，点个"一盅两件"慢慢品尝。年轻一代则因为工作方式和生活习惯的改变，更倾向于下午茶、晚茶，以及在周末饮早茶。对于广府人来说，饮茶已经是生活中不可或缺的一件事。

既然名为"饮茶"，那么茶必然是不可或缺的一部分。茶本性寒，而岭南古时瘴气较重，广东人自古以来就十分注重食物的冷热寒温，所以早茶的茶水常以温润馥郁的红茶为主。常见的还有铁观音、大红袍、普洱茶、菊普茶等。落座等待时，先来一壶茶，醒神又暖胃；吃完之后，再慢慢斟几杯，消食又去腻。

与其他地方喝茶的习俗不同，广东人喝茶常常要佐以点心。"一盅两件，人生一乐"，这是广东人对早茶的描述。所谓"一盅两件"，是指以一盅茶配两道点心。清香的茶水一经与各味的茶点搭配，更是展开了融合百味的姿态，让那些甜味的在嘴里更回甘，让那些油腻的变得清爽。

广东的茶点通常分为干点、湿点两类，干点是指包子、饺子、酥点等，湿点则包括了粥类、粉面类、甜品类等。而这干湿两点，统归为按价格来区分，有小点、中点、大点、顶点、特点、超点六等。这等级，其实说的是时间和工艺，没有持之以恒、精雕细琢、巧妙心思，哪来这几千种口味常新、造型各异的人间珍馐？广东人"食不厌精"的美食态度，从早茶中便可窥见一斑。

广纳百味为粤味

广式茶点琳琅满目，风味各异。点心师们用灵巧的双手，以千变万化的制作技法，让上千种茶点呈现出了或柔韧、或润滑、或香酥、或弹牙的口感；或别致、或朴实、或多彩、或简洁的外观。

广东茶点有 4000 多种，光是皮就有四大类 23 种，馅有三大类 46 种。品种之繁多、用料之精博、制作之精细、款式之新颖、口味之多样，是国内其他地方的点心所不能比拟的。因此，广东茶点称为全国点心之冠也毫不为过。

广东的点心又以省会广州的为最。20 世纪 20 至 30 年代，是广州点心发展的兴旺时期，当时创制的点心就有鼎鼎有名的蜜汁叉烧包、蛋挞、虾饺等。到了 80 年代，广式点心在岭南民间小吃的基础上，广泛吸取北方各地和西式糕饼的技艺，发展成了具有精美雅致、款式常新、荤素相宜、酸甜苦辣咸五味俱全特色的美味，通过满汉交融、中西合璧的创制手法，使茶点的品种更加丰富多彩。

广式点心的品种主要由三大类组成：岭南民间小吃、面食点心、西式糕点。

岭南民间小吃

在岭南地区，人们以大米为主食。所以在广式点心中，会看到很多的米制品、杂粮制品，这些都是来自于岭南的民间小吃。例如，煎堆、裹蒸棕、米饼、粉果、糯米鸡，以及用椰子、芝麻、花生仁等做馅的糍、粿类，还有以番薯、芋头、沙葛等为粉做的包品。

面食点心

《广东新语》中记载："广人以面性热，不以为饭"。岭南古时为瘴疠之地，人们很注重食物的温热寒凉，并不将性热的面作为主食。清代以后，随着广州对外贸易地位的突出，来自北方的商旅不断增加，适合北方人饮食习惯的面食逐渐出现，如包子、馒头、馄饨、烧卖、面条等。后来，这些面食点心经过不断改良，最终演变成具有岭南风味的广式点心。

西式糕点

相比于传统的中式茶点，西式糕点更为精致和美观。广东地处沿海，毗邻港澳地区，由于地理位置的优势和经济文化的交流，使得很多欧美国家的美食得以在广州传播开来。广州的点心师通过吸收和改进西点的制作工艺，洋为中用，将这些美食也演变成了具有岭南特色的广式点心。

水晶虾饺

制作时间
45 分钟

难易度
★★★

主料

澄面	250 克
生粉、冬笋	各 50 克
鲜虾	350 克
肥猪肉	30 克

调料

盐	10 克
白砂糖、鸡精	各 5 克
熟猪油	8 克
食用油、胡椒粉	各适量

Tips

皮白如雪、薄似纸的水晶虾饺，形似弯梳，故而又称"弯梳饺"，是在 20 世纪 30 年代由广州市河南区伍村伍凤乡的一间家庭式小茶楼所创，后来经过点心师傅的不断改良，而成为精致美味的茶点。在任何一家粤式茶楼，水晶虾饺都是"饮茶"必点的招牌茶点。

做法

① 将鲜虾去壳、去虾线，用清水洗净；放入少许生粉，抓匀后清洗干净；取 1/3 虾肉用刀背剁成虾泥，剩下的虾仁一切为二，用吸水纸吸干水分。

② 将肥猪肉洗净，切成碎粒；将冬笋洗净，焯水后切丝，挤干水分。

③ 在虾泥中加入 3 克盐，抓匀呈胶状，放入冬笋和肥猪肉，加入 3 克猪油和其余调料，充分抓匀，制成馅料。

④ 在盆中放入澄面，倒入生粉，加入 400 毫升沸水，将其搅匀并烫熟；将面团用碗扣好，闷 2 分钟后，充分搓匀，放入 5 克猪油后再搓匀。

⑤ 在毛巾上倒少许食用油，擦拭刀，使其两面均抹上油；将面团搓成粗细均匀的长条，用刀切成等份的剂子；用再次抹好油的刀，逐个将搓圆的剂子压成较薄的圆形面皮。

⑥ 在面皮中间包入适量馅料，将面皮对折。

⑦ 用右手的拇指、食指、中指分别抵住面皮的前、中、后三处位置，左手的拇指与中指捏紧饺子一端。

⑧ 用右手的中指不断地向左推出褶皱皮，左手的食指不断地将褶皱捏在一起，与后面的面皮捏紧；捏紧收口，向有褶皱的一面微微捏弯翘起，制成饺子生坯。

⑨ 在笼屉内铺上油纸或润湿的纱布，将饺子生坯整齐放入，每两个生坯之间要保持一定的距离；在蒸锅内倒入适量清水，放入笼屉，用大火烧沸水后，转为中火蒸 6 分钟即可。

潮州粉果

制作时间 45分钟

难易度 ★★★

主料

生粉	300 克
澄面、叉烧肉、干虾米、香菇	各 50 克
鲜虾、花生仁	各 100 克
猪前腿肉	200 克
韭菜	25 克

调料

盐	8 克
白砂糖、鸡精、生抽	各 5 克
香油	3 毫升
食用油、水淀粉	各适量

Tips

　　潮州粉果又称"娥姐粉果"，相传由一名叫娥姐的女佣创制。20世纪20至30年代，广州西关一位官僚宴请宾客，让娥姐做几样点心。娥姐琢磨再三后，用沸水和面做皮，以炒熟的猪肉、虾、冬菇做馅，包好上笼蒸熟。做出的点心形如榄核，洁白通透，爽滑湿润，她称之为"粉果"。客人品尝后，无不称奇。

做法

① 用温水泡发香菇，洗净后去蒂、切碎粒；猪前腿肉洗净，切碎粒；鲜虾去除虾壳、虾肠，洗净后切丁，沥干水分；干虾米洗净，沥干水分，切碎；韭菜洗净，切碎；叉烧切丁；花生米炒熟，搓去花生衣，放入搅拌机中搅碎。

② 锅烧热，倒入少许食用油，先下猪肉粒、虾仁、干虾米煸炒出香味，然后放入叉烧、香菇、花生碎，加入盐、白砂糖、鸡精、香油、生抽翻炒，再倒入少许水淀粉勾芡，出锅后放入韭菜拌匀，制成馅料。

③ 用50克生粉与澄面混匀，加入100毫升清水，搅拌均匀，加入100毫升沸水搅拌，将粉浆烫熟，再加入300毫升沸水，浸泡1分钟，让其熟透。

④ 倒掉沸水，将面团放入250克生粉中，用压叠的方法，将生粉与面团搓匀。覆盖保鲜膜，保持面团的湿润度。

⑤ 案板上撒少许生粉，将面团搓成大小均匀的长条，切成每个约20克重的剂子。将剂子搓圆后，擀成中间厚、四周薄的圆形面皮。在面皮中间放入适量馅料。

⑥ 对折面皮捏紧呈鸡冠形。用同样的方法包制完粉果生坯。

⑦ 笼屉内铺上油纸或润湿的纱布，将生坯整齐放入，每两个生坯之间保持一定的间隔。

⑧ 蒸锅内倒入适量清水，大火烧开后，放入笼屉，蒸约3分钟即可。

鱼饺

制作时间
45 分钟

难易度
★★★

主料

鳗鱼肉	300 克
猪肥肉	60 克
猪瘦肉	40 克
虾米	20 克
马蹄	50 克

调料

葱白	10 克
鱼露	10 毫升
香油	5 毫升
淀粉、食用油、盐、鸡精	
	各适量

做法

① 将猪肥肉和猪瘦肉分别剁碎；虾米洗净，沥水后剁碎；马蹄去皮，洗净，切碎；葱白洗净，切碎。

② 炒锅烧热，倒入食用油，烧至七成热，放葱白略翻炒，下猪肉末翻炒出香味，再倒入虾米碎和马蹄碎，翻炒至断生，调入盐、鸡精、鱼露、香油，关火盛出，放凉，做成馅。

③ 用刀背将鳗鱼肉剁碎，然后用手抓起鱼蓉用力反复摔在案板上。至鱼蓉起胶，撒入适量盐，用手抓匀，分成 20 个等份的剂子。

④ 另取一干净案板，撒上薄薄一层淀粉，将剂子分别擀成圆形饺子皮。在饺子皮中包入适量的馅，对折捏紧成半圆形，再将两端内扣捏成"元宝"状，放入笼屉中，每两个鱼饺之间留一定距离。

⑤ 蒸锅加水，放入笼屉，大火烧开后改小火蒸约 10 分钟即可。

返沙芋头

制作时间 40 分钟　难易度 ★★

主料

芋头	300 克

调料

白砂糖	100 克
食用油	适量

做法

① 将芋头削皮洗净，切成粗约 1 厘米、长约 5 厘米的细条。

② 把锅烧热，倒入适量食用油，将芋条倒入锅中，用中火炸至表面金黄、发脆后，捞出控油。

③ 在锅中倒入 50 毫升清水，放入白砂糖，开中火，不断地翻炒，炒至糖浆冒大泡、变黏稠时，倒入芋头条，让每块芋头都均匀地沾上糖浆。

④ 直至糖浆变干、芋头表面出现糖霜时，出锅晾凉即可。

要点提示

· 制作糖浆时，芋头和白砂糖的比例是 3 : 1，白砂糖和清水的比例是 2 : 1。

雪媚娘

主料

糯米粉、淡奶油	各 120 克
玉米淀粉	30 克
草莓	适量
纯牛奶	180 毫升

调料

白糖粉	40 克
橄榄油	10 毫升

做法

① 将草莓洗净，切成大颗粒。

② 取 20 克糯米粉放入锅中，用小火翻炒约 2 分钟，炒成熟粉。

③ 纯牛奶倒入碗中，加白糖粉，放锅中隔水加热，不断搅拌，待糖粉溶化后取出，倒入玉米淀粉和剩余的糯米粉，搅匀成粉浆。

④ 将粉浆放入蒸锅，用大火隔水蒸制约 15 分钟。取出后，趁热倒入橄榄油，揉搓成表面光滑的面团，覆盖保鲜膜，放置冰箱冷藏约 15 分钟。

⑤ 手上粘少许熟粉，将面团分成若干等份小剂子，表面也粘上少许熟粉，擀成圆形薄片。

⑥ 将淡奶油打发后，装入裱花袋，在面皮中间挤出适量淡奶油，放少许草莓颗粒，再挤一层淡奶油。用手掌虎口围紧面皮边缘，逐渐向上收口，捏紧，装入锡纸模具，放置冰箱冷藏约 30 分钟即可。

广式蛋挞

制作时间
2 小时

难易度
★★

主料

中筋面粉	200 克
低筋面粉	25 克
鸡蛋	3 个
黄油	125 克

调料

白砂糖、牛奶	各 125 克

做法

① 黄油在室温下软化，打发至呈发白膨松状；将鸡蛋打散成蛋液。

② 将 100 克白砂糖倒入锅中，加入 180 毫升清水，大火煮开后关火晾凉，取 2/3 的蛋液过筛倒入其中，加入牛奶，充分搅匀，制成蛋挞液。

③ 在打发好的黄油中加入中筋面粉、低筋面粉、1/3 的蛋液和 25 克白砂糖，混匀后搓成表面光滑的面团，覆盖保鲜膜静置约 30 分钟。

④ 将面团擀成厚约 0.7 厘米的面皮，用模具压出略大于蛋挞杯的圆形蛋挞皮。

⑤ 将蛋挞皮逐一放入蛋挞杯中，用指腹压实，去除边缘多余的面皮，制成蛋挞盏，放入冰箱冷藏 1 小时。

⑥ 往蛋挞盏中倒入蛋挞液至八分满，放入预热至 220℃的烤箱中，先烤 10 分钟，转 180℃再烤 10 分钟即可。

榴莲酥

制作时间 4.5 小时　　难易度 ★★★

主料

低筋面粉	150 克
黄油	90 克
榴莲肉	适量

调料

无盐奶油	20 克

做法

① 无盐奶油在室温下软化，加入低筋面粉，倒入 80 毫升清水，搓成表面光滑的面团，覆上保鲜膜，放入冰箱冷藏 20 分钟。

② 取黄油，用保鲜膜包住，擀成厚薄均匀的长方形薄片。

③ 取出面团，擀成长方形面皮，大小约为黄油片的 3 倍大。

④ 将黄油片放在面皮中间，将面皮两端向中间折叠，包住黄油，擀成长方形。将面皮从顶端往末端折 3 折，擀成长方形。重复折叠、擀制 3 次，每次折完后都需冷藏 1 小时。最后擀成厚约 1 厘米的酥皮，切成长约 12 厘米、宽约 1.5 厘米的长条。

⑤ 将长条的侧面朝上，将其一切为二，分别擀成薄酥皮。

⑥ 在酥皮下端约 1/4 处放入适量榴莲果肉，将面皮从下往上卷起，捏紧收口处，制成榴莲酥生坯。

⑦ 烤箱预热 220℃，在烤盘上垫一层锡纸，整齐地放入生坯，用上下火烤约 20 分钟，至表面金黄即可。

剪刀糍

制作时间 2 小时　难易度 ★★

主料

糯米粉	300 克
花生仁	100 克
白芝麻	50 克
炼奶	20 克

调料

白砂糖	50 克
食用油	适量

做法

① 锅烧热，倒入花生仁，小火炒至外皮略黑后盛出，稍晾凉后，搓掉花生衣。将花生仁放入搅拌机中搅碎，与 20 克白砂糖混匀。

② 糯米粉中加入炼奶、30 克白砂糖拌匀，缓缓倒入 150 毫升清水，用筷子搅匀成较稠的糯米浆。

③ 取一长方形模具，内壁覆上保鲜膜，抹一层食用油，倒入糯米浆，轻轻摇晃均匀，放入蒸锅，加盖，大火蒸制约 20 分钟成糯米糍，取出稍微晾凉。

④ 在锅中倒入适量食用油，中火烧至四成热时放入糯米糍，小火煎制。一边煎，一边用筷子轻轻翻动，煎至底面呈金黄色时，捞出控油。

⑤ 将糯米糍放在案板上，用吸油纸吸去多余油分，放入盘中，用剪刀剪成长方块，均匀地撒上花生碎、白芝麻。

叉烧包

制作时间 14 小时　难易度 ★★

主料

低筋面粉	500 克
中筋面粉	200 克
叉烧	400 克

调料

白酒	100 毫升
白砂糖	30 克
蚝油、蜂蜜	各 15 克
小苏打粉	1.8 克
泡打粉	5 克
碱水、生粉、食用油	各适量

做法

① 在低筋面粉中倒白酒和 250 毫升清水，搓成光滑面团，覆盖保鲜膜静置 12 小时，制成面种。

② 在面种中放入白砂糖，充分搓匀，倒入适量碱水揉搓，直至闻不到酸味。再放入小苏打粉和少许清水，搓匀，最后加入中筋面粉，搓成表面光滑的面团，用湿布盖住面团静置 15 分钟。

③ 将叉烧切成 1 厘米见方的肉丁；将蚝油、生粉和少量清水调成酱汁。

④ 锅烧热，倒入少许食用油，放入叉烧和调好的酱汁，翻炒至浓稠状，拌入蜂蜜，制成馅料。

⑤ 揉搓一下面团，将其分成每份约 30 克的剂子，搓圆后略压扁，擀成中间薄、四周厚的圆形面皮。在面皮中间包入适量叉烧馅。

⑥ 用食指和拇指环住面皮边缘向内聚拢，捏出褶皱并合在一起捏紧收口，制成叉烧包生坯。

⑦ 笼屉内铺上油纸或润湿的纱布，将生坯整齐地放入，每两个生坯之间保持一定的间隔。

⑧ 蒸锅中倒入适量清水，大火烧沸水，放入笼屉，蒸约 8 分钟即可。

要点提示

· 捏褶皱时，顶部的面皮要捏厚一些，这样蒸制时才不会露馅。

· 一定要等水烧开以后才能放入叉烧包生坯，而且全程要以大火蒸制。

奶黄包

制作时间 3 小时

难易度 ★★★

主料

中筋面粉	250 克
鸡蛋	2 个
黄油	40 克
奶粉	25 克

调料

吉士粉、澄面	各 10 克
酵母	3 克
白砂糖	75 克

Tips

奶黄包又称"奶皇包"，据传是香港国学大师王亭之发明的。最初的配方中有牛奶、咸蛋黄，吃起来有一股浓浓的奶香和咸蛋黄味，极为可口。奶黄包面世初期，众多广东食肆开始争相模仿，时至今日，每家食肆的制法都有所不同。

做法

① 在碗中磕入鸡蛋，搅匀成蛋液。

② 黄油在室温下软化，分 3 次加入等量的白砂糖，搅匀至糖溶化。分 3 次倒入等量的蛋液，充分搅匀。最后放入澄面、奶粉、吉士粉，搅匀成无颗粒的粉浆。

③ 在锅中倒入适量清水，用大火隔水蒸粉浆约 30 分钟，直至呈凝固状。

④ 将蒸好的馅料晾凉后装入保鲜袋，放入冰箱冷藏约 1 小时，取出，搓成每个约 10 克的圆团，即为奶黄馅。

⑤ 用温水化开酵母，放入白砂糖、盐，搅匀后均匀地撒在中筋面粉上，用筷子沿同一方向搅拌均匀，搓成表面光滑的面团，覆盖保鲜膜静置 40 分钟。

⑥ 将面团搓成粗细均匀的长条，分成每个约 10 克的等份剂子，搓圆后略压扁，擀成厚薄适中的圆形面皮。

⑦ 在面皮中间放入一粒奶黄馅，用虎口围紧面皮边缘，逐渐向上封口，做成奶黄包生坯。

⑧ 笼屉内铺上油纸，将生坯封口朝下，整齐地放入，每两个生坯之间保持一定的间隔，加盖静置 15 分钟。

⑨ 蒸锅中倒入适量清水，放入笼屉，大火烧沸后，改成中火蒸 10 分钟左右，熄火静置 3 分钟即可。

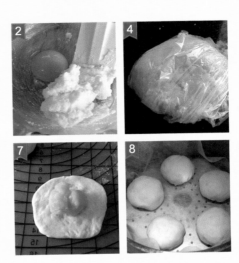

老婆饼

制作时间 2 小时　难易度 ★★

主料

高筋面粉、中筋面粉	各 500 克
糖冬瓜	250 克
椰蓉、白芝麻	各 100 克
鸡蛋	2 个

调料

白砂糖	5 克
熟猪油	150 克

Tips

清朝末年，广州莲香楼的一位潮州点心师傅，带了店里的招牌点心回家给老婆吃。谁知老婆吃后不以为然地说："还不如我炸的冬瓜角好吃呢！"第二天，她就用冬瓜蓉、糖、面粉，做出了风味别致的"冬瓜角"。点心师傅一吃，果然清甜可口。由于这款点心是潮州师傅的老婆所做，大家便叫它"潮州老婆饼"。

做法

① 将白芝麻洗净，沥干水分，小火炒香，晾凉；将糖冬瓜切碎。

② 将 250 毫升沸水倒入高筋面粉中，将面烫熟，放入椰蓉、白芝麻和糖冬瓜，搅拌均匀，做成馅料。

③ 取 250 克中筋面粉，中间开窝，放入白砂糖，倒入 125 毫升清水，加入 75 克熟猪油，将水和白砂糖搓溶，再与熟猪油、面粉和在一起，搓成表面光滑的面团，覆盖保鲜膜静置 30 分钟，制成油皮面团。

④ 在剩余 250 克中筋面粉中加入 75 克熟猪油，充分搓匀，覆盖保鲜膜静置 30 分钟，制成油酥面团。

⑤ 将油皮面团、油酥面团搓成粗细均匀的长条，分成等份的剂子，并逐一擀成圆形面皮。每张油皮包入 1 粒油酥剂子，搓成圆形，收口朝下，擀成长舌状，然后从上往下卷起，收口朝上，略压平，从左向右折三折，最后擀成中间厚、四周薄的圆形酥皮。在酥皮中间包入适量馅料。

⑥ 用手掌虎口围紧面皮边缘，逐渐向上收口，封口朝下，擀成圆饼。在圆饼表面轻轻刷一层蛋液，然后用刀在表面划两刀。

⑦ 撒上白芝麻，制成老婆饼生坯。烤箱以 200℃ 预热，在烤盘上垫一层锡纸，整齐地放入生坯，烤 15 分钟左右即可。

煎堆

制作时间 45 分钟　　难易度 ★★

主料

糯米粉	250 克
豆沙馅	125 克

调料

白砂糖	80 克
食用油、白芝麻	各适量

做法

 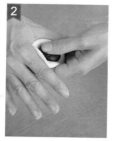

① 白芝麻洗净，沥干水分，放入锅中用小火略炒至干，盛入盘中；将豆沙馅分成若干等份小剂，在掌心抹少许食用油，分别将豆沙馅小剂搓成小球。

② 将 170 毫升清水倒入锅中，加入白砂糖，用大火煮开成白糖水，倒出晾凉。

③ 在糯米粉中倒入白糖水，用筷子沿同一方向搅拌，搓成质地较黏、表面光滑的糯米面团。将面团分成等份剂子，擀成薄厚适当的圆形面皮。

④ 取 1 张面皮，包入豆沙馅小球，用虎口围紧面皮边缘，逐渐向上封口，揉成球状，放在盘子里滚动，使其均匀地粘上白芝麻，制成煎堆生坯。

⑤ 锅内倒入适量油，中火烧至七成热时下煎堆生坯，改小火，炸至膨起成圆球、表面金黄，捞出即可。

泮塘马蹄糕

制作时间 45 分钟　难易度 ★★

主料

马蹄粉	500 克
新鲜马蹄	150 克

调料

白砂糖	750 克
食用油	55 毫升

做法

① 将马蹄去皮洗净，切成薄片。

② 在马蹄粉中倒入 830 毫升清水，边倒边搅拌，直至呈无颗粒状，制成生浆。

③ 锅烧热，加入白砂糖，用小火炒至发黄，倒入 1670 毫升清水，大火烧开后，转为中火，将糖煮至溶化。

④ 往糖水中加入马蹄片，倒入食用油，转小火煮沸 2 分钟。舀取 1 勺生浆放入锅中，搅匀，成芡浆。

⑤ 将芡浆迅速倒入马蹄粉生浆中，边倒边搅，制成黏稠的粉浆，倒入模具中。

⑥ 蒸锅内倒入适量清水，大火烧开后放入模具，用大火蒸 25 分钟左右。取出晾凉，待马蹄糕中间部分完全凉透后脱模切块即可。

香煎萝卜糕

制作时间 1.5 小时

难易度 ★★

主料

白萝卜	200 克
胡萝卜	20 克
腊肠	40 克
虾米	15 克
干香菇	1 个
糯米粉	140 克
玉米淀粉	10 克

调料

盐	9 克
胡椒粉	2.5 克
白砂糖	10 克
香油	14 毫升
食用油	适量

Tips

　　萝卜糕又被叫作"菜头粿"。菜头粿是潮汕地区的一种年糕，逢年过节各家各户都会蒸制。作为一道特色小吃，潮汕的大街小巷中都能寻觅到它的身影。蒸制好的萝卜糕，用油煎至两面金黄、外酥里嫩，萝卜的清香夹着油香扑鼻而来，惹人垂涎。

做法

① 白萝卜、胡萝卜均去皮洗净，刨成细丝；香菇用温水浸泡30分钟，洗净，去蒂、切丝；虾米洗净，沥干水分，切细粒；腊肠洗净，切丁。

② 锅烧热，倒入适量食用油，将腊肠、虾米、香菇丝爆香，加入白萝卜丝、胡萝卜丝翻炒片刻，起锅备用。

③ 将糯米粉、玉米淀粉混匀，缓缓加入350毫升清水，一边加水一边搅匀。然后加入白砂糖、胡椒粉、香油和盐拌匀，制成米糊。

④ 将米糊倒入锅中，小火煮至呈黏稠糊状后，倒入炒好的主料拌匀。

⑤ 取一蒸糕盘，铺上一层锡纸，倒入上一步拌好的糊，用刮板将其摊平，放入蒸笼。

⑥ 蒸锅中倒入适量清水，大火烧开后放入蒸盘，蒸约20分钟，取出，晾凉，切成小块。

⑦ 锅烧热，倒入适量食用油，烧至九成热时下萝卜糕，中火煎至底部定形后，再转为小火，将两面煎至金黄即可。

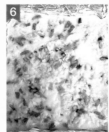

要点提示

· 一定要将锅烧得很热时再放萝卜糕，这样才不会粘锅。

椰汁黄金千层糕

制作时间
1 小时

难易度
★★

主料

鱼胶粉、糯米粉	各 35 克
椰浆	250 毫升
牛奶	180 毫升
咸鸭蛋	6 个

调料

白砂糖	70 克
椰蓉	90 克
吉士粉	30 克

做法

① 在鱼胶粉中加入 50 克白砂糖,倒入 500 毫升沸水,充分搅匀,加入椰浆和 120 毫升鲜牛奶,再次充分搅匀,制成椰浆汁。

② 锅烧热,倒入 35 克糯米粉,用小火炒至微黄。

③ 将咸鸭蛋隔水蒸熟,取黄压碎。

④ 将咸鸭蛋黄与炒好的糯米粉、椰蓉、20 克白砂糖、吉士粉、60 毫升牛奶搅匀,制成蛋黄馅。

⑤ 在蒸糕模具内垫一张油纸,倒入少量椰浆汁,轻轻摇匀,放入蒸锅中,大火蒸 5 分钟左右,然后加入等量的蛋黄馅,用刮刀刮匀。

⑥ 再次倒入少量椰浆汁,摇晃均匀后,大火蒸 5 分钟左右。重复以上步骤,直至用完所有主料。

⑦ 在最上面一层椰浆中撒入少许蛋黄馅,再蒸 10 分钟。出锅晾凉后,脱模切成方形小块即可。